机械设计制造及其自动化研究

孙兆丹　著

东北林业大学出版社
Northeast Forestry University Press
·哈尔滨·

图书在版编目（CIP）数据

机械设计制造及其自动化研究/ 孙兆丹著. — 哈尔滨：东北林业大学出版社，2024.2

ISBN 978-7-5674-3469-1

Ⅰ.①机… Ⅱ.①孙… Ⅲ.①机械设计—研究②机械制造—研究③机械系统—自动化系统—研究 Ⅳ.①TH②TP271

中国国家版本馆CIP数据核字(2024)第048017号

责任编辑：姚大彬
封面设计：郭 婷
出版发行：东北林业大学出版社
　　　　　　（哈尔滨市香坊区哈平六道街 6 号　邮编：150040）
印　　装：北京四海锦诚印刷技术有限公司
开　　本：787 mm×1092 mm　1/16
印　　张：10.5
字　　数：251千字
版　　次：2024 年 2 月第 1 版
印　　次：2024 年 2 月第 1 次印刷
书　　号：ISBN 978-7-5674-3469-1
定　　价：78.00元

前　言

　　机械制造是集材料、设备、工具、技术、信息、人力资源等，通过制造系统转变为可供人类使用的产品生产过程。机械制造业的先进与否标志着一个国家的经济发展水平。不论发达国家还是发展中国家，机械制造业在国民经济中都占有十分重要的地位。随着科技日益进步和社会信息化不断发展，全球性的竞争和世界经济的发展趋势使得机械制造产品的生产、销售、成本、服务面临着更多外部环境因素的影响，传统的制造技术、工艺、方法和材料已经不能适应当今社会的发展需要。计算机技术、信息技术、自动化技术在制造业中的广泛应用并与传统制造技术相结合形成了现代化机械制造业，企业的生产经营方式随之发生了重大变革。

　　制造业是国民经济的重要支柱产业，机械制造业是制造业的核心，机械制造装备是机械制造业的重要基础，是一个国家综合制造能力的集中体现。尤其是高端、重大机械制造装备的研制能力，更是衡量一个国家现代化水平和综合实力的重要标志。机械制造装备设计技术的创新和发展对于不断提升现代制造业的技术进步和促进经济持续增长具有十分重要而深远的意义。制造自动化是人类在长期的生产活动中不断追求的主要目标之一。随着科学技术的不断进步，尤其是制造技术、计算机技术、控制技术、信息技术和管理技术的发展，制造自动化技术的内容也不断丰富和完善，它不仅包括传统意义上的加工过程自动化，而且还包括对制造全过程的运行规划、管理、控制与协调优化等的自动化。

　　本书从机械设计基础理论介绍入手，针对机械设计技术、机械数字化设计技术进行了分析研究；另外对机械制造的自动化技术及技术方案、物料供输自动化、加工刀具自动化、检测与装配过程自动化做了一定的介绍；还对机械制造控制系统的自动化进行了分析研究；本书内容丰富并与时俱进，在传承历史发展所积累的知识和经验的基础上，填补和更新了近年相关技术的发展，不失先进性和新颖性；同时注重实用性，是一本值得学习研究的著作。

　　本书由廊坊燕京职业技术学院孙兆丹著。

目　　录

第一章 机械设计概述

第一节 机械概述

一、机械的概念

机械就是能帮人们降低工作难度或省力的工具装置，像筷子、扫帚以及镊子一类的物品都可以被称为机械，它们是简单机械。而复杂机械就是由两种或两种以上的简单机械构成。通常把这些比较复杂的机械叫做机器。从结构和运动的观点来看，机构和机器并无区别，泛称为机械。

机械是机器和机构的总称。机器是执行机械运动的装置，用来变换或传递能量、物料或信息，实现特定的功能。机器在我们工作和生活中比比皆是，如天上飞行的各类飞行器、海上航行的各类船舶、路上行驶的各种汽车，还有工业中使用的各类机床、起重机等，农业中使用的拖拉机、收割机等，以及家用的洗衣机、电风扇等。用来进行物料传递和变换的机器，通常称为器械、装置或设备，如锅炉、热交换器、分离设备等；用来进行信息传递和变换的机器，通常称为仪器，如测量仪、照相机、电视机等。

机器是人类进行生产以减轻体力劳动和提高劳动生产率的主要工具，使用机器进行生产的水平是衡量一个国家技术水平和现代化程度的重要标志之一。

手扶拖拉机是进行农田耕作和田间运输的中小型农业机械，在我国农村普及率较高。12型手扶拖拉机具有结构紧凑、体积小、操作方便、可靠性高等多种功能，充分体现了机械设计的实用性、经济性、可靠性、安全性等原则。柴油机作为原动机，其输出轴带动飞轮做旋转运动，主动皮带轮与飞轮做成整体，通过带传动将动力传至组合离合器的从动皮带轮。离合器输出轴连接链传动，从动链轮安装在变速箱的输入轴上，将动力传入变速箱。变速箱内，通过齿轮啮合的改变，进一步变换动力参数，动力分成两路：一路传递到两前置驱动轮；另一路可通过链传动输送至旋耕机，带动犁刀做旋转运动。

柴油机是内燃机的一种，后者是常用运输机械的原动机。与汽油机相比，柴油机具有功率大、效率高等优点，常用于船舶、大中型车辆、农业机械等。手扶拖拉机一般以单缸柴油机为动力。

二、机械的主要特征

机械是一种人为的实物构件的组合。机械各部分之间具有确定的相对运动。机器具备机构的特征外，还必须具备第 3 个特征即能代替人类的劳动以完成有用的机械功或转换机械能，故机器能转换机械能或完成有用的机械功的机构。从结构和运动的观点来看，机构和机器并无区别泛称为机械。

三、机械的主要分类

机械的种类繁多，可以按几个不同方面分为各种类别，如：按功能可分为动力机械、物料搬运机械、粉碎机械等；按服务的产业可分为农业机械、矿山机械、纺织机械、包装机械等；按工作原理可分为热力机械、流体机械、仿生机械等。

（一）中国机械行业的主要产品

农业机械：拖拉机、播种机、收割机械等。

重型矿山机械：冶金机械、矿山机械、起重机械、装卸机械、工矿车辆、水泥设备等。

工程机械：叉车、铲土运输机械、压实机械、混凝土机械等。

石化通用机械：石油钻采机械、炼油机械、化工机械、泵、风机、阀门、气体压缩机、制冷空调机械、造纸机械、印刷机械、塑料加工机械、制药机械等。

电工机械：发电机械、变压器、高低压开关、电线电缆、蓄电池、电焊机、家用电器等。

机床：金属切削机床、锻压机械、铸造机械、木工机械等。

汽车：载货汽车、公路客车、轿车、改装汽车、摩托车等。

仪器仪表：自动化仪表、电工仪器仪表、光学仪器、成分分析仪、汽车仪器仪表、电料装备、电教设备、照相机等。

基础机械：轴承、液压件、密封件、粉末冶金制品、标准紧固件、工业链条、齿轮、模具等。

包装机械：包装机、装箱机、输送机等。

环保机械：水污染防治设备、大气污染防治设备、固体废物处理设备等。

矿山机械：岩石分裂机、顶石机等。

工程机械是指用于工程建设的施工机械的总称。广泛用于建筑、水利、电力、道路、矿山、港口和国防等工程领域。

（二）工程机械种类

挖掘机械：如单斗挖掘机（又可分为履带式挖掘机和轮胎式挖掘机）、多斗挖掘机（又可分为轮斗式挖掘机和链斗式挖掘机）、多斗挖沟机（又可分轮斗式挖沟机和链斗式挖沟机）、滚动挖掘机、铣切挖掘机、隧洞掘进机（包括盾沟机械、掘进机）等。

铲土运输机械：如推土机（又可分为轮胎式推土机和履带式推土机）、铲运机（又可分为履带自行式铲运机、轮胎自行式铲运机和拖式铲运机）、装载机（又可分为轮胎式装载机和履带式装载机）、平地机（又可分为自行式平地机和拖式平地机）、运输车（又可分为单轴运输车和双轴牵引运输车）、平板车和自卸汽车等。

起重机械：如塔式起重机、自行式起重机、桅杆起重机、抓斗起重机等。

压实机械：如轮胎压路机、光面轮压路机、单足式压路机、振动压路机、夯实机、捣固机等。

桩工机械：如钻孔机、柴油打桩机、振动打桩机、压桩机等。

钢筋混凝土机械：如混凝土搅拌机、混凝土搅拌站、混凝土搅拌楼、混凝土输送泵、混凝土搅拌输送车、混凝土喷射机、混凝土振动器、钢筋加工机械等。

路面机械：如平整机、道碴清筛机等。

凿岩机械：如凿岩台车、风动凿岩机、电动凿岩机、内燃凿岩机和潜孔凿岩机等。

其他工程机械：如架桥机、气动工具（风动工具）等。

四、机器的构成及其功能结构

带式运输机结构主要功能是传送物料。从结构上看，它由电动机、联轴器、减速器、齿轮、轴、输送带、机架等结构件组成。电动机（能量转换装置，是机器的动力源）输出能量，通过联轴器、减速器等（机器的传动装置，用于能量的传递和分配），带动输送带（机器的工作装置），实现物料的传送。机架对上述零件起支承作用，保证它们能正常工作。运输机的开机和停车由人工控制。从功能上看，它具有能量转换、能量传递、工作执行、控制、支承与连接、辅助（如照明等）等功能。

自行车也是一种简单的机器，它的动力源是人力，通过踏板、链传动装置（用于能量转换）带动前、后车轮旋转，实现代步功能。其方向变换和制动由人的双手控制车把和车闸来实现，车架对车轮等零件起支承和连接的作用。此外，还有车灯用于照明，货架用于携带少量货物等。从功能结构上看，自行车可视为由驱动（能量转换）、传动（能量传递）、行走（工作）、转向或制动（控制）、照明（辅助）、支承和连接等功能件组成。可以得出以下结论：

（1）机器一般可视为主要由原动机、传动装置、工作机构、控制系统、支承与连接、辅助装置等部分构成。

（2）功能分析是机械设计的基本出发点。进行机械产品的设计，首先必须进行功能分析，明确功能要求，设计出机器的功能结构图，然后再进行各个阶段的设计。只有这样，才能不受现有结构的束缚，形成新的设计构思，提出创造性的设计方案。

（3）不同机器的功能结构图是不同的，甚至即使总功能要求相同，也可以设计出不同方案的功能结构图。因此，设计者应能从多种可行方案中选出较优者，并以此为依据，进行机械系统各个阶段的设计。

第二节 机械设计的理论

一、机械设计及其基本原则

（一）机械设计的基本要求

1. 实现预定的功能，满足运动和动力性能的要求

功能，即满足用户使用需要的特性与能力。它是机械设计最基本的出发点，是机械设计首先需要体现出来的一种特征。因此，在机械设计过程中，要对机械工作原理、拟定机

械传动系统以及机构类型等方案进行正确地选择。其中，机构类型方案和拟定机械传动系统方案必须要满足运动和动力性能的要求。

2. 可靠性和安全性的要求

机械的可靠性是指机械在规定的使用条件下，在规定的时间内完成规定功能的能力。安全可靠是机械的必备条件，为了满足这一要求，必须从机械系统的整体设计、零件的结构设计、材料及热处理的选择、加工工艺的制订等方面加以保证。

3. 市场需要和经济性的要求

在产品设计中，自始至终都应把产品设计、销售及制造三方面作为一个整体考虑。只有设计与市场信息密切配合，在设计、市场、生产中寻求最佳关系，才能以最快的速度收回投资，获得满意的经济效益。

4. 机械零件结构设计的要求

机械设计的最终结果都是以一定的结构形式表现出来的，且各种计算都要以一定的结构为基础。因此，在设计机械时，往往要事先选定某种结构形式，再通过各种计算得出结构尺寸，将这些结构尺寸和确定的几何形状绘制成零件工作图，最后按设计的工作图制造、装配成部件乃至整台机器，以满足机械的使用要求。

5. 操作使用方便的要求

机器的工作和人的操作密切相关。在设计机器时必须考虑操作要轻便省力、操作机构要适应人的生理条件、机器的噪音要小、有害介质的泄漏要少等。

6. 工艺性及标准化、系列化、通用化的要求

首先，要考虑机械零件的加工精度、表面粗糙度以及制造难易度，确保机械及其零件具备良好的工艺性；其次，为了提高机械设计质量，降低制造的成本，需要保证零件的标准化、通用化、系列化，并且设计者要对关键零件的设计予以重视。

7. 其他特殊要求

有些机械由于工作环境和要求的不同，会对设计提出某些特殊要求，如高级轿车的变速箱齿轮有低噪声的要求，机床有较长期保持精度的要求，食品、纺织机械有不得污染产品的要求等。

（二）机械设计的主要内容

机械设计任务通常是根据生产发展需要而提出的，设计任务书要明确规定机械名称、功能、工作参数要求、可靠性要求、工作条件、生产批量、预期成本等，并提供设计该机械所必需的原始数据和资料。机械设计工作的主要内容有以下几个方面。

1. 机械工作原理的选择

机械的工作原理是机械实现预期功能的基本依据，实现同一预期功能的机器可以选择不同的工作原理。例如，设计齿轮机床时，可以选用成型法加工齿轮，也可以选用范成法来加工齿轮。显然，工作原理不同，设计出的机床也不同，前者为普通铣床，后者则为滚齿机或插齿机。机械的工作原理是随着生产和科学技术的发展而不断发展的，研制新机械时，要刻苦钻研、不断探索、全面分析对比多种工作原理后，选择其中的最优方案。这主要属于专业机械设计的范畴。

2. 机械的运动设计

工作原理选定后，即可根据工作原理的要求，确定机械执行部分所需的运动及动力条件，然后再结合预先选用的原动机类型及性能参数进行机械的运动设计，即妥善选择与设计机械的传动部分，把原动机的运动转变为机械执行部分预期的机械运动。

3. 机械的动力设计

初定了机械的执行部分和传动部分后，即可根据机器的运转特性、执行部分的工作阻力、工作速度和传动部分的总效率等，算出机械所需的驱动功率，并结合机器的具体情况，选定一台（或几台）适用的原动机进行驱动。

4. 零件工作能力设计

对于一般机械，在选定了原动机后，即可根据功率、运转特性和各个零件的具体工作情况，计算出作用于任意一个零件上的载荷。然后，从机械的全局出发，考虑各个零件所需的工作能力（强度、刚度、寿命等）、体积、重量及技术经济性等一系列问题，设计或选择出各个零件。这些内容是机械零件课程的核心，以后将针对具体的零件分章进行讨论。

应该指出，机械设计过程实际上是一个分析矛盾和处理矛盾的过程。例如，要求机械的零件强度大、刚性好与体积小、重量轻的矛盾，加工、装配精度高与制造成本低的矛盾等。设计者一定要抓住主要矛盾，恰如其分地处理好各种次要矛盾，才能设计出高质量的机械。

（三）机械设计的类型

机械设计是一项复杂、细致、科学、严谨的创造性劳动。随着科学技术的发展，对设计的理解也在不断地深化。机械设计按其目标和任务不同可以分成以下 3 种类型。

1. 开发性设计

开发性设计是指在机械产品的工作原理和具体结构等完全未知的情况下，应用成熟的科学技术或经过实验证明是可行的新技术、新方法，规划和开发创造实现预期功能的新型机械产品的设计，这是一种全新的设计。

2. 改进性设计

改进性设计也称适应性设计，是指在原有机械的基础上的重新设计，即对原有机械产品的工作原理、设计方案保持不变的前提下重新设计，或仅做局部改造，或增加附加功能，在结构上做相应调整，从而改变或提高原有机械的使用性能，使产品更能满足使用要求。

3. 系列化设计

机械产品的系列化设计也称变形性设计，是指在机械产品的工作原理和功能结构不变的情况下，为了适应工艺条件或使用要求，改变产品的具体参数和结构的设计。

（四）机械设计的基本原则

1. 创新原则

设计过程的重要特征就是创新。工程实践中的机械设计工作，首先应该追求创新思维方式下的新颖的设计结果。对于初学者来说，注意了解、继承前人的经验，学习优秀的设计作品，发挥主观能动性，勇于创新，是做好设计工作的前提；符合时代精神的、有特色的创新设计最具生命力，是社会和工业发展的要求和需要，是设计者追求的目标，也是评价一个设计结果成功与否的重要原则。

2. 安全原则

产品能安全可靠地工作是对设计的基本要求。在机械设计中，为了保证机械设备的安全运行，必须在结构设计、材料性能、零件强度和刚度，以及摩擦性能、运动和动态稳定性等方面依照一定的设计理论和设计标准来完成设计。产品的安全性是相对的，在规定条件和时间内完成规定功能的能力，称为可靠性。可靠度作为衡量系统可靠性的指标之一，可以用来描述系统安全运行的随机性。可靠度越大，产品维持功能的能力越强，系统越可靠；反之，产品越不可靠。产品的安全性通常是指在某种工作条件下及可靠度水平上的安全性，是设计中必须满足的指标。

3. 技术经济原则

产品的技术经济性是指产品本身的技术含量与经济含量之间的配比特性。在满足设计结果安全性的前提下，提高产品的技术价值，降低其成本消耗，缩短生产周期，可以获得具有高竞争力的产品。通常情况下，产品的技术效益、经济效益和社会效益的高低是决定其生命力的重要因素。现代工业产品的设计对设计周期、技术指标及成本消耗等方面的要求具体而明确，作为设计评价的基本原则之一，必须引起设计者的充分重视。

4. 工艺性原则

产品设计一般用图样完整表达后，进入生产阶段。产品机械零件的生产和装配工艺性问题，应是设计者在设计过程中解决的问题。通常情况下，加工、制造过程对产品安全性和经济性起着决定性的作用，同时也对产品在使用过程中的维护和维修产生影响，因此要力求改善零件的结构工艺性，使生产过程最简单，周期最短，成本最低。现代工艺技术的发展、传统机加工、高精度组合加工、光加工和电加工等为产品的生产制造提供了许多先进的加工手段，同时合理的设计能使产品不仅加工、装配易于实现，而且具有良好的经济性。

5. 维护性和实用性原则

产品经流通领域到达最终用户后，其实用性和维护性就显得十分重要。平均无故障时间、最大检修时间通常是用户的基本维护指标，而这些指标显然取决于设计过程。过长的维护时间会使生产系统超时瘫痪，有时还会造成企业的极大浪费，甚至对生产过程和产品本身产生影响。良好的维护性和实用性，可以使产品较好地适应使用环境和生产节奏。事实上，维护性和实用性也具有潜在的社会效益和经济效益。

二、机械设计的一般过程

（一）制订设计工作计划

根据社会、市场的需求，确定所设计机器的功能范围和性能指标；根据现有的技术、资料及研究成果评估其实现的可能性，明确设计中要解决的关键问题；拟定设计工作计划和任务书。

（二）方案设计

按设计任务书的要求，了解并分析同类机器的设计、生产和使用情况以及制造厂的生产技术水平，研究实现机器功能的可能性，提出可能实现机器功能的多种方案。每个方案应该包括原动机、传动机构和工作机构，对较为复杂的机器还应包括控制系统。然后，在考虑机器的使用要求、现有技术水平和经济性的基础上，综合运用各方面的知识与经验对各个方案进行分析。通过分析确定原动机、选定传动机构、确定工作机构的工作原理及工作参数，绘制工作原理图，完成机器的方案设计。

在方案设计的过程中，应注意相关学科与技术中新成果的应用，如先进制造技术、现代控制技术、新材料等，这些新技术的发展使得以往不能实现的方案变为可能，这些都为方案设计的创新奠定了基础。

（三）技术设计

对已选定的设计方案进行运动学和动力学的分析，确定机构和零件的功能参数，必要时进行模拟试验、现场测试、修改参数；计算零件的工作能力，确定机器的主要结构尺寸；绘制总装配图、部件装配图和零件工作图。技术设计主要包括以下几项内容：

1. 运动学设计

根据工作机构的功能参数，确定原动机的功率、转速等动力参数，以便对机构进行设计。

2. 动力学计算

根据运动学设计的结果，分析、计算出作用在零件上的载荷。

3. 零件设计

根据零件的失效形式确定零件的基本尺寸。

4. 总装配草图的设计

根据零件的基本尺寸、机构结构，进行零件的结构设计和尺寸设计，完成色剂总装配草图。对零件载荷的精确计算可以通过零件结构、尺寸与零件之间的位置关系来进行，同时还能对零件工作能力的影响因素进行分析。基于此，应对主要零件进行校核计算，并根据计算出来的结果对零件的结构、尺寸进行反复的修改，以满足设计的最终要求。

5. 总装配图与零件工作图的设计

根据总装配草图确定的零件结构尺寸，完成总装配图与零件工作图的设计。

（四）施工设计

根据技术设计的结果，考虑零件的工作能力和结构工艺性，确定配合件之间的公差。视情况与要求，编写设计计算说明书、使用说明书、标准件明细表、外购件明细表、验收条件等。

（五）试制、试验、鉴定

通过试制样机，可以对机械的可靠性、经济性以及预期功能的实现程度、要求的满足情况进行验证。另外，在鉴定基础上，还能对所设计的机械进行科学的评价，进而确定是否需要改进，是否可以投产。

（六）定型产品设计

在试验和鉴定完成以后，若没有必要修改，则可以小批量的进行试生产。经过用户实际的应用，针对收集到的数据、反馈意见对所设计的机械进一步地调整和修改，以完成定型产品的设计，最终正式投产。

实际上，整个机械设计的各个阶段是互相联系的，在某个阶段发现问题后，必须返回到前面的有关阶段进行设计的修改，直至问题得到解决。有时，可能整个方案都要推倒重来。因此，整个机械设计过程是一个不断修改、不断完善以致逐步接近最佳结果的过程。

三、机械零件设计

（一）概述

1. 机械零件含义

机械零件根据应用范围不同，可分为两大类：一类是各种机器经常使用的零件，称为通用零件，如螺钉、齿轮、轴承等；另一类是只有在特定类型的机器中才使用的零件，称为专用零件，如内燃机的曲轴、火炮中的炮管等。在机器中，有时为完成同一任务，把几个零件组合在一起，称之为部件，如减速器、离合器等。机械零件这一术语泛指机械零件以及由其组成的部件。

对于一台机器这个总体来说，一切零件都是它的局部。这些零件在机器中，或按确定位置相互联接，或按规定规律相对运动。总之，要受到机器总体的制约，共同为实现机器的统一功能而发挥各自的作用。因此，任何机器的性能都取决于它的主要零件的性能或某些关键性零件的综合性能。从这个意义来讲，要想设计好一台机器，就必须认真研究机械零件的设计原理和设计方法。

2. 机械零件应满足的要求

（1）强度

零件在工作时，既不能发生任何形式的破坏，也不能产生超过容许限度的残余变形，这是保证机器正常运转和安全工作所必需的。

（2）刚度

零件在工作时所产生的弹性变形不应超过允许的限度。为了提高零件的刚度，可采取增大零件的剖面尺寸、增大剖面的惯性矩、缩短支承间的跨距以及多支点轴等方法。

（3）一定的寿命

影响零件寿命的主要因素是材料的疲劳、有相对运动的零件接触表面的磨损和腐蚀等。大部分机械零件在变应力下工作并产生疲劳破坏。零件（或材料）发生疲劳破坏不仅与变应力的大小、性质有关，还与应力循环次数（即寿命）有关。因此在机械零件的设计中，有按无限寿命和有限寿命设计的问题。

（4）合理的经济性

零件的经济性以生产成本表示。而生产成本主要由材料的成本费和加工费两方面决定。降低零件成本的主要措施有：合理地选择材料，采用有良好的结构工艺性的零件，采用标准化的零件，以组合结构代替整体结构等。

（5）规定的可靠性

零件在规定的条件下、规定的时间内应能完成规定的功能。

3. 机械零件设计的一般步骤

（1）分析零件在机械中所起的作用，确定零件的结构方案。

（2）对零件的结构进行分析，拟定零件的计算简图。

（3）进行载荷分析，确定作用在零件上的计算载荷。

（4）分析零件可能出现的失效形式，确定零件的工作能力计算准则，选择零件的材料和热处理，然后通过计算确定零件各部分主要尺寸。

（5）按标准化和结构工艺要求等，圆整计算所得的各尺寸，绘制部件装配图和零件工作图，并写出计算说明书。

4. 机械零件的工艺性

零件具有良好的工艺性，是指设计的零件在制造过程中能省工、省料和省事地达到要求的质量。它包括毛坯制造、机械加工、装配、调整和维修等各方面的工艺性。

例如，毛坯可直接利用型材、铸造、锻造、冲压和焊接等方法来获得。具体选择哪种方法，一般取决于生产批量、材料性能和加工可能性。当零件的形状比较复杂、尺寸较大时，用锻造往往难以实现，如果采用铸造或焊接，则其材料必须具有良好的铸造性能或焊接性能，在结构上也要适应铸造或焊接的要求。至于选用铸造还是焊接，应视批量大小而定。若零件的生产批量小，应采用焊接件，铸件则适应于较大批量的生产。

如果零件的其他性能都满足，只是材料的焊接性能不好，而又没有合适的焊接性能好的材料，则可以改变联接方式。例如，由焊接改为螺纹联接或其他联接。

同样结构材料的零件，如果采用先进而合理的热处理工艺，则强度性能可以成倍地提高。

又如，零件加工面几何形状要简单，数目要少，加工面积要小，加工精度和表面粗糙度制订要适当。若精度提高，加工费用会大幅度提高，在没有充分根据时，不应当追求高的精度。

零件的装配工艺性应引起足够的重视，应有正确的装配基面，保证装配质量和生产率的要求，并考虑装配和拆卸的方便性。

总的来说，在满足使用要求的前提下，零件的数目越少，越简单、越实用，则其质量、性能和工作可靠性越易保证。

5. 机械设计中的标准化

机械设计中的标准化是指对机械零件的尺寸、结构要素、材料性能、检验方法、设计方法、制图要求等，制定出各式各样大家共同遵守的标准。按规定标准生产的零件称为标准零件，不按规定标准生产的零件称为非标准零件。

对于同一产品，为了符合不同的使用条件，在同一基本结构或基本尺寸条件下，规定出若干个辅助尺寸不同的产品，称为产品的系列化。

在系列之内或跨系列的产品之间尽量采用同一结构和尺寸的零件，以减少零件总数，从而简化生产管理和获得较高的经济效益，称为产品的通用化。显然，标准化包括了系列化和通用化的内容。

现已标准化的通用零件有螺纹联接件、键、销、传动带、传动链、联轴器、滚动轴承等。

标准化作为我国重要的一项技术政策，在工作中必须严格贯彻和执行。这既可节约设计力量，加速产品发展，提高产品质量，提高劳动生产率，又便于使用和维修。

（二）机械零件的主要失效形式和工作能力计算准则

1. 机械零件的主要失效形式

当机械零件丧失工作能力或达不到设计要求的性能时，称为失效。失效并不意味着破坏。常见的失效形式有以下几种。

（1）断裂

零件在外载荷作用下，由于某一危险剖面上的应力超过零件的极限强度而发生的断裂，或者零件在交变应力作用时，危险剖面上发生的疲劳断裂，这是大多数机械零件的失效形式。

（2）过量变形

机械零件受载时，必然会发生弹性变形。在允许范围内的零件的弹性变形，对机械正常工作影响不大，但过量的弹性变形则将使机械不能正常工作，有时还会造成较大的振动，致使零件损坏。当零件过载时，塑性材料还会发生塑性变形，造成零件尺寸和形状的改变，破坏零件或部件间的相互位置或配合关系，使零件或机器不能正常工作。

（3）表面失效

机械中绝大多数零件都会与别的零件发生静的或动的接触和配合关系，载荷作用于表面，摩擦发生在表面，环境介质也包围着表面，因此，失效多出现在表面。表面失效包括以下几种：

①零件受力表面无相对运动的失效，如压溃。

②零件受力表面有相对运动的失效，如磨损、疲劳点蚀、胶合或表面塑性变形等。

③零件不受力表面的失效，如腐蚀。

（4）破坏正常工作条件引起的失效

有些零件只有在一定的工作条件下才能正常工作，如果破坏了正常工作条件就会失效。例如，靠表面摩擦力保持工作能力的带传动，当传递的有效圆周力超过临界摩擦力时就将发生打滑失效；液体摩擦滑动轴承，当润滑油膜破裂时将发生过热、胶合、磨损等形式的失效；高速转动的零件，当其转速等于或接近零件的自振频率时，就会发生共振，使振幅急剧增大，导致零件甚至整个系统在短期内被破坏等。

2. 机械零件的工作能力计算准则

零件抵抗失效的安全工作限度称为零件的工作能力。通常对载荷而言，称为零件的承载能力。工作能力有时也对变形、速度、温度、压力等而言。在实际工作中，同一种零件可能有好几种不同的失效形式，对应于各种失效形式就有不同的工作能力。例如，轴的失效可能是疲劳断裂，这时轴的工作能力取决于轴的疲劳强度；轴的失效也可能是过量的弹性变形，这时轴的工作能力取决于轴的刚度。显然，起决定作用的将是零件工作能力中的较小者。

机械零件工作能力的判定条件称为零件的工作能力计算准则，主要有强度、刚度、耐磨性、振动稳定性和耐热性准则等。它们是确定零件基本尺寸的主要依据。

（1）强度准则

强度是衡量机械零件工作能力最基本的计算准则，它是指零件受载后抵抗整体断裂、塑性变形和某些形式的表面失效的能力。如果零件强度不够，就不能正常工作，甚至可能

发生严重事故。强度的计算条件为

$$\sigma \leqslant [\sigma] \tag{1-1}$$

式中：σ ——零件危险截面或工作表面的最大工作应力，N/mm^2；

　　　$[\sigma]$ ——零件的许用应力，N/mm^2。

（2）刚度准则

刚度是指零件在载荷作用下抵抗弹性变形的能力。对于有刚度要求的零件，如机床主轴、电动机轴等需要进行刚度计算。刚度的计算条件为

$$y \leqslant [y] \tag{1-2}$$

$$\varphi \leqslant [\varphi] \tag{1-3}$$

式中：y ——零件工作时的变形量（伸长量、挠度等）；

　　　$[y]$ ——零件的许用变形量；

　　　φ ——零件工作时的变形角（偏转角、扭转角等）；

　　　$[\varphi]$ ——零件的许用变形角。

y 和 φ 可按理论计算或用实验方法确定，而 $[y]$ 和 $[\varphi]$ 则应随不同的场合，按理论或经验确定其合理的数值。

（3）耐磨性准则

运动副中，摩擦表面物质不断损失的现象称为磨损。磨损后零件尺寸和结构形状发生改变，运动副间隙增大，因而使机械精度降低，效率下降，振动、冲击和噪声增大，致使零件报废。据统计，在一般机械中，约有80%的零件是因磨损而报废的。可见，在机械设计或维护使用中，提高零件的耐磨性具有十分重要的意义。

磨损现象是一个相当复杂的物理—化学过程。按磨损破坏的机理不同，机械中磨损主要有以下4种基本形式：

①磨料磨损

摩擦表面上硬质突出物或硬质颗粒，在摩擦过程中引起的使表面材料脱落的现象。

②粘着磨损

摩擦表面受载时，由于零件表面的粗糙度，实际上只有部分峰顶接触，压强很高，引起接触点的黏着。相对滑动时使摩擦表面产生擦伤、撕脱或互相焊合的现象，又称为胶合。胶合是高速重载接触时常见的破坏形式。

③疲劳磨损（疲劳点蚀）

当作滑动或滚—滑运动的高副受到反复作用的接触应力时，如果该应力超过材料相应的接触疲劳强度，就会在零件工作表面或表面下一定深度处形成疲劳裂纹，随着裂纹的扩展，常使接触表面金属呈小片状剥落，而形成许多小麻点，故又称为疲劳点蚀。

④腐蚀磨损

摩擦表面与周围介质发生化学反应或电化学反应，在相对运动中造成表面材料损失的现象。

影响磨损的因素很多，如零件的材质、表面粗糙度、润滑情况等，尤其是润滑情况对磨损影响很大，采取合理的润滑措施实现良好的润滑，可减轻甚至避免磨损。

关于磨损，目前尚无可靠的定量计算方法，对于磨料磨损，常采用条件性计算，即为

了控制零件在预定使用期内的磨损量不超过允许值,采用限制零件相对运动表面间压强不超过许用值的办法,以防止压强过大,使工作表面油膜破坏而产生过快磨损,即

$$p \leqslant [p] \tag{1-4}$$

式中:$[p]$——由实验或同类机器使用经验确定的许用压强。

相对运动速度较高时,还要防止摩擦表面温度过高,使油膜破裂,加剧磨损。为此,要限制运动副单位时间单位接触面积的发热量 fpv。若摩擦系数 f 为常数,则可验算 pv 值不超过许用值,即

$$pv \leqslant [pv] \tag{1-5}$$

式中:$[pv]$——由实验或同类机器使用经验确定的许用值。

（4）振动稳定性准则

为避免共振,在设计高速机械时,应进行振动分析和计算,使零件和系统的自振频率与周期性载荷的作用频率错开一定的范围,以确保零件及机械系统的振动稳定性。为此,可用增加或减小零件的刚度、增添弹性元件等办法来解决。

（5）耐热性准则

在高温环境中,由于摩擦生热而形成高温条件,对零件的工作都是不利的。如钢制零件在 300~400 ℃以上时,其强度极限和疲劳极限都会有所下降,并出现蠕变。此外,还会引起热变形、附加热应力及破坏正常的润滑条件等。

高温下工作的零件需要考虑温度影响时,要进行蠕变计算。在一般情况下,主要是对发热较大的零件（如蜗轮、滑动轴承等）进行热平衡计算,以判定零件的工作温度是否超过许用工作温度,如超过许用工作温度,则必须采取降温措施,避免因散热不良使零件温升过高,导致金属局部熔融而产生胶合或引起燃烧。

（三）设计机械零件时应满足的要求及其设计方法

1. 设计机械零件时应满足的要求

机械零件是组成机械的基本单元,也是加工的最小单元,机械的各项要求的满足取决于机械零件的正确设计与制造。因此,设计机械零件时,必须首先满足由机械整体出发对该零件提出的要求,概括地说,主要有以下基本要求。

（1）工作可靠

工作可靠是指在规定的使用寿命内不发生各种失效。因此,在设计零件时,要使零件满足强度、刚度、寿命及稳定性准则。

（2）结构工艺性好

结构工艺性是指在既定的生产条件下,能方便而经济生产出满足使用性能要求的零件,并且便于装配成机器。因此,零件的结构工艺性应从毛坯制造、热处理、机械加工及装配等几个生产环节进行综合考虑。

（3）经济性好

经济性必须从设计和制造工艺两方面考虑,设计时应正确选择零件的材料,尽量采用价格低廉、供应充足的材料;合理确定零件的尺寸和综合工艺要求的结构,如采用轻型的零件结构,少余量或无余量的毛坯等;合理规定制造时的精度等级和技术条件;尽可能采用标准化的零件,以取代需特殊加工的零件等。

2. 机械零件的设计方法

根据机械零件的设计过程不同，机械零件常用的设计方法可以概括地分为以下3种。

（1）理论设计

根据现有的设计理论和实验数据所进行的机械零件设计，称为理论设计。理论设计分为以下两种：

①设计计算

由理论设计计算公式确定零件的主要参数和尺寸。

②校核计算

先按经验和某些简易的方法初步确定出零件的主要参数和尺寸，待结构完全确定以后，用理论校核公式进行校核计算。

设计计算多用于能通过简单的力学模型进行设计的零件；而校核计算则较多用于结构复杂、应力分布较复杂，但又能进行强度计算或刚度计算的零件。

（2）经验设计

根据对某类零件已有的设计与实际使用而归纳出的经验公式和数据，或者用类比法所进行的设计，称为经验设计。

经验设计简单方便，对于典型化的零件（如箱体、机架等），是比较实用的设计方法。但是它也有较大的局限性，在确定零件的结构参数时，需要考虑安全问题而容易导致结构笨重。

多数情况下，机械零件的设计同时采用上述两种方法进行，因为设计计算和校核计算只能针对零件的主要结构参数，而大量的结构参数需要根据结构要求采取经验设计方法加以确定。

（3）模型实验设计

对于一些尺寸特大、结构复杂、工况条件特殊又难以进行理论计算的重要零件，为了提高设计的可靠性，可采用模型实验设计的方法。即把初步设计的零件或机器做成小模型或小尺寸的样机，通过对模型或样机的实验，考核其性能并取得必要的数据，然后根据实验结果修改初步设计，使其逐步完善。这样的设计过程被称为模型实验设计。

（4）虚拟样机技术

上述3种常用的方法是传统的设计方法。随着科学技术的不断发展和进步，特别是随着计算机技术的广泛应用，当今出现了许多现代设计方法，如可靠性设计、最优化设计、计算机辅助设计（CAD）、并行设计等；同时已经形成了机械结构设计、性能分析和结构优化的一体化技术和软件，实现了整机设计阶段的可视化，即虚拟设计技术；强化了在设计阶段对产品性能的预测手段，如虚拟设计和装配集成、三维设计和有限元分析集成等。这些新设计方法的出现，使机械设计领域发生很大的变化，使机械设计更科学、更完善，大大缩短了机械产品的开发周期，减少了新产品的开发费用，因而也是未来设计发展的方向。

（四）机械零件的强度和刚度设计方法

机械零件需要有足够的承受外载荷和抵抗变形的能力，即零件要有足够的强度和刚度，因此，机械零件的强度和刚度设计是经常使用的设计方法之一。

机械零件承受的载荷通常有简单的轴向拉压力、横向剪切力、弯矩或转矩，它们分别产生轴向拉压正应力、横向剪切应力、弯曲正应力和扭转切应力，以及导致零件的轴向伸长或缩短、横向剪切变形、弯曲挠度和转角、扭转变形。但多数情况下，在零件的某一截面上同时承受上述几种载荷的复合作用，因而存在多种应力和变形。由于实际零件的截面形状和位置各不相同，其承受的载荷形式各有差异，具体零件的载荷、应力和变形需要根据零件的实际载荷条件和截面位置来分析、决定。

机械零件的强度和刚度设计依据是零件危险截面上的应力小于许用应力、最大变形或转角在允许的范围内。其中，静强度和刚度设计方法只适用于零件承受静载荷，或变化非常缓慢且变化次数很少（如103次以内）的载荷，或瞬时大载荷冲击的零件设计；对于经常承受交变载荷作用的零件，需要进行疲劳强度和动态刚度设计；对于承受多种复合载荷作用的零件危险截面的强度和刚度计算，需要先按单一载荷计算产生的应力，再采用合适的强度理论进行合成计算。

（五）机械零件的动态性能设计方法

机械在启动、稳定运转和停车过程中，稳定性的好坏主要取决于内部是否会产生机械震荡，如果机器的稳定工作频率 f_p 远离机器的谐振频率 f，则机器的动态品质基本不受机械谐振频率的影响，能够稳定运行；否则，会引起机器系统的稳定性、过渡过程特性、动态精度和可靠性等方面一系列的问题。

然而传统的机械结构设计只考虑了它的静态特性和在静载作用下的强度和刚度问题，即使外载荷是动态载荷，通常也是按某种等效原则简化成静态载荷处理。机器的静态强度和刚度固然十分重要，但工作时的振动会影响它的工作能力和功能，还会导致与它配套工作设备的破坏，产生噪声，影响操作者的身心健康，污染环境等。因此，现代机械设计已经逐步发展到静态设计和动态设计并举的程度，以同时满足机械静、动态特性和低振动、低噪声的要求。

动态设计的一般过程如下：①进行静态设计，使设计的机械结构首先满足静态强度和刚度的要求；②对静态设计的产品图样或需要改进的产品实物建立力学分析模型，完成结构的固有频率、振型、模态及动力响应等动态特性分析；③根据工程实际要求，给出其动态特性的要求或预期的动态设计目标，按照动力学"逆问题"直接求出主参数值；或者按照动力学"正问题"进行，即如果初步设计结构的动力学特性满足不了实际要求，则需要进行结构修改设计，再对修改后的结构进行动力学分析或者预测，不过这类"正问题"的结构修改和动态特性预测需要反复进行才能够完成。

机械动态性能设计的主要内容包括：①建立一个符合实际的动力学模型；②选择有效的动态优化设计方法。

常用的机械动态性能设计方法有以下几种：

1. 力学分析法

该方法常用于分析结构的最低固有频率和振型。其基本思路是：首先要建立被分析零件的动力学模型，然后根据动力学模型建立广义坐标系，并建立起动力学模型的振动方程，最后将振动方程转化成频率方程以求解固有频率。一般来说，振动是由振型叠加而成的，建立等效动力学模型可以参考有关力学和振动方面的专著。

2. 传递函数法

该方法不必求解微分方程就可以求出初始条件为零的结构在变化载荷作用下的动态过

程，同时还可以计算结构参数的变化对结构动态过程的影响。但该方法只适用于传递函数已知的线性系统且初始条件等于零的情况，对初始条件不为零的情况，必须考虑非零初始条件的动态分析结果的影响。

3. 模态综合分析法

该方法适用于对复杂机械系统的动态性能分析。其基本思路是：首先按照工程观点和系统结构的几何特点将整个结构划分为若干个子结构，然后建立各子结构的振动方程，进行子结构的模态分析，接下来将子结构的振动方程转变为模态方程，在模态坐标下将各子结构的模态方程进行模态综合，从而计算得到整个结构的振动模态，最后返回到原来的物理坐标，得到整体结构的动态特性。

机械机构的动态特性分析过程十分复杂，分析技术在不断探索和发展中。随着计算机技术的发展，数值计算技术在动态特性分析中得到了广泛的应用，已开发了标准的软件包，其中最有成效的是数值计算手段（如有限元分析技术），使机械结构的动态特性分析变得相对简单多了。

（六）机械零件的创新设计研究

1. 机械零件创新设计的思想与理念

创造性思维是设计师进行机械零件创新设计的前提条件，只有具备良好的创造性思维，才能设计出创新式的机械。创造性思维与设计者的个性、心理、能力有密切的联系，它是设计者创造能力形成的先决因素。另外，设计者的兴趣爱好、思想信念等也会对创造性思维产生一定的影响。具体而言，创造性思维包括表达能力、想象能力、创造能力和记忆能力等。设计师的创新能力并不是一朝一夕形成的，而是在长期的日常观察、实验和总结中获得的。

发散思维对于机械设计师而言也是非常重要的一种设计思想和能力。所谓发散思维，指的是对问题的考虑要从不同角度、层面、方面出发，并从得到的不同答案中寻找灵感，因而也称为辐射思维。例如，对两种零件进行焊接、铰接等创新设计时，需要设计师运用发散思维，通过拓展摩擦力、电磁力等不常用方法完成设计。发散思维可以为机械设计提供新的设计理念，对机械技术与方案创新提供了重要的途径。

2. 机械零件科学的创新方法

（1）控制机械零件的失效形式

比较常见的机械零件失效形式有塑性变形、点蚀、断裂、弹性变形、磨损等。若机械零件出现失效现象，那么将不能正常地进行工作。因此，在进行机械零件设计时，设计师首先要对机械零件的失效形式有所预测，其次通过机械的实际运行情况以及工作环境对其进行综合分析和评估，这样才能针对机械的失效情况采取有效的措施来加以控制。在机械评估过程中，刚度与强度准则、机械振动稳定性准则、耐热与耐磨性准则等计算准则是进行机械分析的基础。为了能更好地提高机械使用的稳定性，需要及时采用相应的措施减少机械零件的失效概率，延长机械零件的使用寿命。

（2）全面选择机械零件设计方法

第一，设计师要全面学习机械学的相关理论知识，对各种机械方法都要熟知，进而扩展自身对动力学、摩擦学、结构力学等方面知识的认识。

第二，认真学习和掌握计算机辅助技术，提高自身运用计算机的能力，以便能够在机械设计中利用计算机技术提高机械绘图与计算的效率。目前，计算机辅助技术对机械科学技术的进步与发展具有积极的推动作用，并逐渐成为机械零件设计的重要组成部分。

四、机械零件的疲劳强度

（一）疲劳断裂特征

在变应力作用下，机械零件的损坏与在静应力作用下的损坏有本质的区别。静应力作用下机械零件的损坏，是由于在危险截面中产生过大的塑性变形或最终断裂。而在变应力作用下，机械零件的主要失效形式是疲劳断裂。其疲劳断裂过程分为两个阶段：第一阶段是零件表面上应力较大处的材料发生剪切滑移，产生初始裂纹，形成疲劳源，疲劳源可以有一个或多个；第二阶段是裂纹端部在切应力下发生反复的塑性变形，使裂纹扩大直至发生疲劳断裂。这说明材料在浇铸铸件和工件加工、热处理时，内部的夹渣、微孔、晶界以及表面划伤、裂纹、腐蚀等都有可能产生初始裂纹。因此，零件的疲劳过程通常是从第二阶段开始的，应力集中促使表面裂纹产生和发展。

疲劳断裂具有以下特征：①疲劳断裂的最大应力远比静应力下材料的强度极限低，甚至比屈服极限低；②不管是脆性材料或塑性材料，其疲劳断口均表现为无明显塑性变形的脆性突然断裂；③疲劳断裂是损伤后在反复的工作状态下积累形成的结果，它的初期现象是在零件表面或表层形成微裂纹，这种微裂纹随着应力循环次数的增加而逐渐扩展，直至余下的未裂开的截面积不足以承受外载荷时，零件就突然断裂。在断裂截面上明显地有两个区域：一个是在变应力重复作用下裂纹两边相互摩擦形成的光滑疲劳区；另一个是最终发生脆性断裂的粗糙区。

（二）影响机械零件疲劳强度的主要因素

影响机械零件疲劳强度的因素很多，有应力集中、绝对尺寸、表面状态、环境介质等，其中前3种因素最为重要。

1. 应力集中的影响

在零件剖面的几何形状突然变化之处（孔、圆角、键槽、螺纹等），局部应力要远远大于名义应力，这种现象称为应力集中。由于应力集中的存在，疲劳极限相对有所降低，其影响通常通过应力集中系数 K_σ（或 K_τ）来表示。在应力集中处，最大局部应力 σ_{max} 与名义应力 σ 的比值称为理论应力集中系数。理论应力集中系数不能直接判断出因局部应力使零件的疲劳强度降低的程度。对应力集中的敏感程度还与零件材料有关，强度极限越高的钢对应力集中越敏感，而铸铁零件由于内部组织不均匀，对应力集中的敏感度接近于零。因此，常用有效应力集中系数 K_σ 来表示疲劳强度的真正降低程度。有效应力集中系数定义为材料、尺寸和受载情况都相同的一个无应力集中试样与一个有应力集中试样的疲劳极限的比值，即

$$K_\sigma = \sigma_{-1} / (\sigma_{-1})_k \tag{1-6}$$

式中：σ_{-1}——无应力集中试样的疲劳极限；

$(\sigma_{-1})_k$——有应力集中试样的疲劳极限。

如在同一截面上同时有几个应力集中源，应采用其中最大有效应力集中系数进行

计算。

2. 绝对尺寸的影响

在其他条件相同的情况下，零件剖面的绝对尺寸与疲劳强度成反比，即绝对尺寸越大，疲劳强度越低。这是因为绝对尺寸大意味着材料晶粒粗，并且会增大缺陷出现的概率，加之机加工后表面冷作硬化层相对较薄，因而容易出现疲劳裂纹。剖面绝对尺寸对疲劳极限的影响，通常用绝对尺寸系数 ε_{σ}（或 ε_{τ}）来表示。

绝对尺寸系数 ε_{σ}（或 ε_{τ}）是用来表示截面绝对尺寸对疲劳极限的影响，ε_{σ}（或 ε_{τ}）定义直径为 d 的试样的疲劳极限 $(\sigma_{-1})_d$ 与直径 $d_0 = 6 \sim 10 \text{mm}$ 的试样的疲劳极限 $(\sigma-1)_{d_0}$ 的比值，即

$$\varepsilon_{\sigma} = (\sigma_{-1})_d / (\sigma_{-1})_{d_0} \tag{1-7}$$

3. 表面状态的影响

表面粗糙度和表面处理是零件表面状态的两个主要方面。在其他条件相同的情况下，可以利用表面热处理、表面化学处理等零件表面强化处理手段提高零件表面光滑程度，进而提高机械零件的疲劳强度。表面状态对疲劳极限的影响，可用表面状态系数 β 来表示。

表面状态系数定义为试样在某种表面状态下的疲劳极限 $(\sigma_{-1})_{\beta}$ 与精抛光试样（未经强化处理）的疲劳极限 $(\sigma_{-1})_{\beta_0}$ 的比值，即

$$\beta = (\sigma_{-1})_{\beta} / (\sigma_{-1})_{\beta_0} \tag{1-8}$$

通过试验可以发现，应力集中、尺寸效应和表面状态只会对应力幅产生影响，而不会影响平均应力。上述因素的综合影响，可用综合影响系数 $(K_{\sigma})_D$ 或 $(K_{\tau})_D$ 来表示，即

$$(K_{\sigma})_D = \frac{K_{\sigma}}{\varepsilon_{\sigma}\beta} \text{ 或} (K_{\tau})_D = \frac{K_{\tau}}{\varepsilon_{\tau}\beta} \tag{1-9}$$

计算时，只要用综合影响系数 $(K_{\sigma})_D$ 或 $(K_{\tau})_D$ 对零件的工作应力幅进行修正即可。

对于塑性材料，有

当 $r < \dfrac{\sigma_{-1}(\sigma_s - \sigma_0)}{\sigma_s(\sigma_0 - \sigma_{-1})}$ 时，

$$\sigma_r = \frac{\sigma_{-1}(\sigma_a + \sigma_m)}{(K_{\sigma})_D \sigma_a + \psi_{\sigma}\sigma_m} \tag{1-10}$$

当 $r \geqslant \dfrac{\sigma_{-1}(\sigma_s - \sigma_0)}{\sigma_s(\sigma_0 - \sigma_{-1})}$ 时，

$$\sigma_r = \sigma_s \tag{1-11}$$

对于脆性材料，有

$$\sigma_r = \frac{\sigma_{-1}(\sigma_a + \sigma_m)}{(K_{\sigma})_D \sigma_a + \varphi_{\sigma}\sigma_m} \tag{1-12}$$

式中：ψ_{σ}，φ_{σ}——等效系数，$\psi_{\sigma} = \dfrac{2\sigma_{-1} - \sigma_0}{\sigma_0}$，$\varphi_{\sigma} = \dfrac{\sigma_{-1}}{\sigma_b}$。

在式（1-10）和式（1-11）中，若用 τ 来代替 σ，以上各式对剪应力同样适用。

第二章　机械设计技术

第一节　机械可靠性设计

一、机械可靠性简述

（一）机械可靠性的定义

所谓可靠性，是指"产品在规定时间内，规定的使用条件下，完成规定功能的能力或性质"。可靠性的概率度量称为可靠度。

（二）机械可靠性的特点

1. 机械产品可靠性预计困难

对机械产品而言，其失效机理是十分复杂多变的，再加上准确完整数据的缺乏，就难以预计机械零件的可靠性。除此之外，机械产品可靠性模型难以建立，就导致了许多依赖于系统可靠性模型的预计方法也很难在机械产品可靠性预计中应用。

2. 机械产品的故障模式具有多样性和复杂性

机械产品的材料、荷载性质与大小、具体结构等都与机械产品的故障模式密切相关，并且各故障模式间还存在一些相关性。对于同一功能要求的实现，采用的结构形式不同会导致机械产品零件应力状态的改变。失去规定的功能可以有多种表现形式，如失调、老化、松脱、渗漏、损坏、堵塞以及它们的组合等。一个零件的故障模式可能有很多种情况，即使是同一种故障模式，也可能会在不同的部位出现，这就会使故障模式分析更难、更复杂。

3. 机械零件通用化、标准化程度低

机械产品中除轴承、密封件、阀、泵等少数零件已实现通用化、标准化外，大多数零件仍是非标准件。大部分零件功能、结构各异导致其只能将螺纹直径、齿轮模数、液压缸直径等特征参数标准化。设计人员在系统设计的同时还要对零件进行设计，并且零件的设计要根据具体结构要求、几何尺寸、荷载性质进行。缺乏材料强度和载荷分布的数据是机械可靠性设计的一大难点，难以提供如同电子元器件那样工程上实用的机械零件故障率手册。

4. 机械零件的故障既有偶然性故障，又有耗损性故障

耗损性故障的故障机理大部分与耗损过程（如疲劳、磨损、老化、腐蚀等）有十分密切的关系，是渐变性的。故障率是时间的函数，判断渐变性失效要通过极限状态准则（即耐久性准则），这不同于电子元器件以偶然性故障为主的特点，用故障率为常数的数学模

型描述也受到了限制。因此，主要的还是机械产品的寿命问题，耐久性的引入也是十分必要的。

（三）机械可靠性设计原则

1. 传统设计与可靠性设计相结合

传统的安全系数法自观、简单、容易掌握、设计工作量小，在多数情况下，能保证机械零件的可靠性，因此，不应完全摒弃安全系数法。现阶段比较实际的做法是先对零件的材料、结构、尺寸等按传统方法加以确定，然后再根据相应的模型进行相关的可靠性定量计算。如果达不到规定的可靠性要求，就需要对结构、尺寸等进行修改或更换材料，再进行可靠性校核，直到达到规定要求为止。

2. 定性设计与定量设计相结合

定量设计无法解决所有的可靠性问题。将可靠性定性设计用于难以进行定量计算的零件是更为合理和有效的。因此，在进行可靠性设计时，要将定量设计和定性设计有机地结合到一起。在进行机械产品可靠性设计时，可先通过 FMECA、FTA 等分析将关键件和重要件找出来，对产品及零件的重要故障模式及失效机理加以确定，然后再根据故障模式及机理的不同对零件采取相应的定量或定性设计。工程实践表明，零件的细部结构设计、加工工艺、制造过程稳定性以及装配质量对机械产品的可靠性往往有至关重要的影响，这些影响在很大程度上是定性的且不能忽视的。

3. 机械可靠性设计既要进行可靠性设计，又要进行耐久性设计

机械产品的可靠性包括可靠性和耐久性，因此机械可靠性设计要进行可靠性设计和耐久性设计。可靠性设计和耐久性设计具有不同的故障机理，两者针对的分别是偶然性故障和渐变性故障。

二、应力—强度干涉模型

实际上机械零件承受的应力 x_1 和强度 x_s 都是随机变量，服从某种分布规律。设 $f_1(x_1)$ 是应力的概率密度；$f_s(x_s)$ 是强度的概率密度。可以看出，两个概率密度曲线有干涉的部分，因此有失效的可能。可靠度是不失效的概率，其大小与干涉的情况有关。应力—强度模型表明，应力 x_1 小于强度 x_s 就不发生失效，强度大于应力的全部概率为可靠度 R，即

$$R = P(x_s > x_1) = \int_{-\infty}^{\infty} \left[\int_{-\infty}^{x_s} f_1(x_1) \, \mathrm{d}x_1 \right] f_s(x_s) \, \mathrm{d}x_s$$

$$= \int_{-\infty}^{\infty} \left[\int_{x_1}^{\infty} f_s(x_s) \, \mathrm{d}x_s \right] f_1(x_1) \, \mathrm{d}x_1 \tag{2-1}$$

在目前的机械可靠性设计中，一般认为应力 x_1 和强度 xx_s 都服从正态分布，即

$$f_1(x_1) = \frac{1}{\sqrt{2\pi} s_1} \mathrm{e}^{-\frac{(x_1 - \overline{x_1})^2}{2s_1^2}} \tag{2-2}$$

$$f_s(x_s) = \frac{1}{\sqrt{2\pi} s_s} \mathrm{e}^{-\frac{(x_s - \overline{x_s})^2}{2s_s^2}} \tag{2-3}$$

式中：$\overline{x_1}$，$\overline{x_s}$——应力和强度的均值；

s_1，s_s——应力和强度的标准差。

将式（2-2），式（2-3）代入式（2-1）中整理得

$$R = P(Z > Z_R) = \int_{Z_R}^{\infty} \frac{1}{\sqrt{2\pi}} e^{-\frac{z^2}{2}} dZ = 1 - \Phi(Z_R) = \Phi(-Z_R) \qquad (2-4)$$

式中：$\Phi(\cdot)$——标准正态分布函数，对于常用的可靠度可查表 2-1；

$\quad\quad Z_R$——连接系数，计算公式为

$$Z_R = -\frac{\overline{x_s} - \overline{x_1}}{\sqrt{s_s^2 + s_1^2}} \qquad (2-5)$$

式（2-4）将应力分布、强度分布和可靠度联系起来，故称为连接方程，一般可通过该公式进行计算。

表 2-1　Z_R 与可靠度 R 的关系

Z_R	-1.28	-1.64	-2.33	-2.58	-3.09	-3.719	-4.27
R	0.9	0.95	0.99	0.995	0.999	0.9999	0.99999

设计计算时，令

$$S_R = \frac{\overline{x_s}}{\overline{x_1}} \qquad (2-6)$$

S_R 表示均值安全系数（借用安全系数的概念）。为保证零件的可靠度，根据式（2-6），则强度条件为

$$\overline{x_1} \leqslant \overline{x_s} \qquad (2-7)$$

均值安全系数 S_R 由下式确定：

$$S_R = \frac{1 - Z_R(C_s^2 + C_1^2 - Z_R^2 C_s^2 C_1^2)^{\frac{1}{2}}}{1 - Z_R^2 C_s^2} \qquad (2-8)$$

式中：C_s，C_1——强度和应力的变异系数，计算公式为

$$C_1 = \frac{s_1}{x_1} \qquad (2-9)$$

$$C_s = \frac{s_s}{x_s} \qquad (2-10)$$

三、设计变量的统计资料及近似处理

可靠性设计的基础是设计变量的统计数据，最理想的情况是针对具体对象通过试验获得分布规律，但因难度大，设计时常使用已有的资料。目前适用的数据积累还不够，故这里着重介绍近似处理方法。这里需强调的是，在机械可靠性设计中，使用的设计变量的变异是一批同样产品，是受各种随机因素的影响而产生的，不是同一产品本身的变异。

机械可靠性设计所涉及的设计变量包括载荷、几何尺寸和极限应力。关于载荷，可将名义载荷或计算载荷作为载荷的均值，估计载荷在实际中可能产生的变化，用"3σ 原则"

求出标准差，即 $s_x = \dfrac{x_{max} - x_{min}}{6}$ ；关于几何尺寸也可按"3σ 原则"处理；关于极限应力可利用现有手册中的数据作为均值，变异系数由表 2-2 确定，则标准差为

$$s_x = \overline{x_x} C_x \qquad\qquad (2\text{-}11)$$

表 2-2　金属的材料特性和变异系数

材料特性	变异系数
金属材料的抗拉强度	0.05（0.13~0.15）
金属材料的屈服强度	0.07（0.02~0.16）
钢材的疲劳强度	0.08（0.015~0.19）
零件的疲劳强度	0.10（0.05~0.20）
焊接结构的强度	0.10（0.05~0.20）
钢的布氏硬度	0.05
金属材料的断裂韧性	0.07（0.02~0.42）
钢和铝合金的弹性模量	0.03
铸铁的弹性模量	0.04
钛合金的弹性模量	0.09

第二节　优化设计

一、优化设计概述

优化设计是机械设计中的一种重要方法，机械优化设计就是使各种机械设计问题（如方案选择、参数匹配、机械设计、结构设计、系统设计等）利用电子计算机，按照优化准则，经过反复计算得到最佳设计的一种方法。

目前，优化设计已在机械、电子、冶金、建筑、化学、航天等领域得到广泛应用，并取得了显著的经济效益。例如，对大型一级圆柱齿轮减速器进行优化设计，可以减轻重量12%。对行星减速器进行优化设计，其体积可缩小 13%。

优化设计的基本思想：优选一组设计变量，找到一个比较好的设计方案，在满足给定的约束条件下，达到目标函数的最优值。

（一）机械优化设计基本思路

在保证基本机械性能的基础上，借助计算机，通过应用一些精度较高的力学/数学的规划方法进行分析计算，让某项机械设计在规定的设计限制条件下，对设计参数进行优选，使某项或几项设计指标获得最优值。

机械优化设计的过程：①对设计变量进行分析，提出相应目标函数，确定约束条件，建立起优化设计的数学模型；②选出合适的优化方法，编写优化程序；③将必需的初始数

据准备好，并进行上机计算，然后再对计算机求得的结果进行必要的分析。

近些年来，数学规划理论不断地向前发展，工作站的计算能力也不断地被挖掘出来，机械优化设计方法和手段也因此都有很大的突破。同时，越来越开阔的优化设计思路，以及一些设计理论（仿生学理论、基因遗传学理论和人工智能优化等）的引入均对优化设计方法的更新与完善产生了促进作用。

（二）设计中值得重视的几个问题

在优化设计工作中，应当注意以下问题。

1. 设计变量的选择

在对设计要求进行充分了解的基础上，根据各设计参数对目标函数的影响程度对其主次进行分析，尽可能地将设计变量的数目减少，以此简化优化设计问题，各设计变量要相互独立，避免发生耦合情况，否则就会导致目标函数出现"山脊"或"沟谷"，影响优化。

2. 目标函数与约束的确定

一般机械可按体积最小或重量最轻建立目标函数；对应力集中现象突出的构件，目标是应力集中系数最小；精密仪器建立目标函数应按其精度最高或误差最小的要求。约束条件是根据工程设计本身提出的限制设计变量取值范围的条件。目前，对于约束的必要性仍没有一套完整的评价方法，一般都是凭经验对一些约束进行取舍，难免会出现模型与现实系统不相吻合的现象。

3. 数学模型的确立

越是精确的数学模型，就会有越多的设计变量，越大的维数，越复杂的建模，优化进程也就相应的越慢；但数学模型会将过多元素忽略，则很难将结构的特殊之处确切突显出来。因此，要将工程实际与优化设计经验很好地结合到一起，把握和研究目标相关程度大的因素，尽量将简洁、确切的数学模型建立起来。然后通过 t 检验/F 检验/X^2 检验/拟合优度检验等基于统计理论的检验方法，对模型的置信区间进行分析，并评价模型有效性，以提高模型准确度。

4. 数学模型的尺度变换

由于各设计变量、各目标函数以及各约束函数具有不同的表达意义，可能会导致其各自在数量级上有很大的差异，进而也就造成了它们在给定搜索方向上的灵敏度有很大的差距。灵敏度的大小代表着搜索变化的快慢，灵敏度大的搜索变化快。为了将这种差别消除，可将其重新标度，使其成为无量纲或规格化的设计变量，即变换目标函数尺度、设计变量尺度和约束函数的规格化，以此提高优化进程和结果进度，并使收敛速度加快。

5. 优化程序中易忽略的问题

注意检验变量是否处于函数定义域内，防止无效变量生成而造成优化计算的失败；注意处理函数表达式中分母非常小或者分母等于 0 的情况，避免数值溢出；用函数值的数值差分对梯度进行计算，尽可能地避免函数与导数值间的不一致。

（三）优化设计的发展

历史上关于最优化问题的记载最早可以追溯到古希腊的欧几里得。欧几里得认为正方形是周长相同的一切矩形中面积最大的。十七八世纪建立的微积分为求得函数极值提供了一些准则，对最优化的研究也因此有了一些理论基础，但是最优化技术在之后的两个世纪发展很慢，主要考虑的是有约束条件的最优化问题，并发展了变分法。

最优化设计是 20 世纪 60 年代初结构设计领域引入电子计算机后逐渐形成的一种有效的设计方法。该方法可大幅度缩短设计周期，明显提高设计精度，还能解决传统设计方法解决不了的较复杂的最优化设计问题。最优化方法及其理论随着大型电子计算机的出现而蓬勃发展，并成为应用数学中的重要分支，应用于众多科学技术领域。

随着社会的发展，最优化设计方法陆续在建筑结构、化工、冶金、铁路、航天航空、造船、机床、汽车、自动控制系统、电力系统以及电机、电器等工程设计领域的应用中获得了很好的效果。其中，在机械设计方面的应用还未达到非常成熟的程度，但其效果也较好。通常来讲，工程设计问题涉及的因素越多、问题越复杂，最优化设计结果越能取得更大的效益。

（四）优化设计与传统设计的比较

使设计的产品既具有优良的技术性能指标，又可以使生产的工艺性、使用的可靠性与安全性要求得到满足，且消耗和成本最低等，即机械产品设计工作的任务。通常情况下，设计机械产品的工作过程为：需求分析、市场调查、方案设计、结构设计、分析计算、工程绘图和编制技术文件等。

一般情况下，传统设计方法是在调查分析的基础上，以同类产品为参照，用估算、经验类比或试验等方法将初步设计方案确定下来，然后分析计算产品设计参数的稳定性、强度、刚度等性能。对各项性能进行检查，如果某性能不能满足设计要求，则根据经验或直观判断修改设计参数。相关实践表明，通过传统方法获得的设计方案，可能仍需较大的提高与改进。同时，"选优"思想也存在于传统设计中，设计人员可以按照一定的设计指标从有限的几种设计方案中选出比较好的。由于传统设计方案受限于计算方法和手段等条件，导致设计者只能依靠经验，进行类比、推断和直观判断，这样很难得到最优设计方案。

优化设计理论的研究和应用实践导致了传统设计方法的根本变革，使经验、感性和以类比为主的传统设计方法向科学、理性和立足于计算分析的现代设计方法过渡。机械产品设计越来越集成化、自动化、智能化。

二、机械优化设计与产品开发

产品生产是企业的中心任务，而产品的竞争力影响着企业的生存与发展。产品的竞争力主要在于它的性能和质量，也取决于经济性，而这些因素都与设计密切相关。生产的日益增长要求机器越来越高效、高速、低消耗，并且商品竞争要求设计周期越来越短。因此，产品设计只考虑产品本身是不够的，还需要考虑产品对系统与环境的影响；考虑技术领域的同时，也要考虑社会、经济效益；考虑当前的同时，也要考虑长远发展。在这种情况下，传统的设计方法与发展的需要越来越不匹配。

人们对客观世界的认识随着科学技术的发展越来越深入。设计工作所需的理论基础和手段都大有进步，导致产品设计变化很大，尤其是电子计算机的发展及应用致使设计工作出现革命性突变，这就使设计工作有条件实现设计自动化和精密计算。因此，设计的发展趋势将会是经验设计被理论设计代替、近似设计被精确设计代替、一般设计被优化设计代替。

三、机械优化设计的特点

优化设计需要建立数学模型。优化设计引用了设计变量、目标函数、约束条件等新概念。机械优化设计将机械设计的具体要求构造成数学模型，将机械设计问题转化为数学问题，形成一个完整的数学规划命题，逐步对这个规划命题求解，使其最佳地满足设计要求，从而获得最优设计方案。优化设计使传统设计方式发生了改变。传统设计方法是对产品性能进行被动的重复分析。一项设计的方案不但要合理、可行，还需要某些指标达到最优，以致能从大量可行方案中筛选出最优设计方案。

优化设计可使多方面的性能要求得到满足。传统设计方法无法满足产品总体结构尺寸小、传动效率高、生产成本低等要求。相关实践表明，最优化设计不仅可以保证产品的优良性能，使产品自重或体积减轻，还可以使工程造价降低。优化设计的基本特征是计算机自动设计选优。计算机对一个方案的分析计算只需几秒甚至千分之几秒，因而，可从大量的方案中将最优方案选出来。这样就可以将大量设计分析数据提供给设计人员，有助于他们对设计结果进行考察，从而可使机械产品的设计质量有所提高。

四、常用优化设计方法

在数学模型建立以后，就要研究求解的具体方法，即优化设计方法。优化设计方法实际上就是函数或泛函求极值的方法，即用数学解析方法求极值或用迭代方法求极值。在工程设计中，问题多数是设计变量较多的约束优化设计问题，且多为非线性的。因此，不宜采取解析法求解，而宜采用迭代法逐步求解。从具体方法来说，常用的优化设计方法有约束优化设计方法和无约束优化设计方法。

（一）坐标轮换法

坐标轮换法是一种不必求目标函数的导数，而解无约束优化设计问题的方法，可解连续问题又可解离散问题。这种方法虽然原理简单，实行方便，但收敛速度较慢，因无法寻到最优点而致失效的可能性也稍大些。

坐标轮换法的基本原理：依次沿着各个设计变量的坐标方向去寻查目标函数的极值点。先沿着设计变量 x_1 的方向寻查好点，此时其他设计变量值固定不变。然后，使 x_1 固定在相应于目标函数好点的值上，除 x_2 以外的其他设计变量值也固定不变，只改变 x_2 来寻查目标函数的好点。如此继续，直到对最后一个设计变量 x_n 的寻查完成，则一轮计算就结束了，目标函数得到了一个新的好点。下一轮寻查就从这个点出发，按照与上一轮寻查相同的规则进行。如果某一轮寻查后未能使目标函数值有所改善，则认为计算已经收敛，不需要再进行下一轮计算了。

（二）鲍威尔方法

鲍威尔方法是一种不必求目标函数的导数，而解无约束优化设计问题的方法，适用于解连续问题。这种方法的收敛速度较快。对于目标函数值连续、设计变量数较少的优化设计问题，此方法较好。

鲍威尔方法是一种共轭方向法。根据极值理论，目标函数的等值超曲面在极值点附近的形状可以用二次函数表达的超椭球面来近似，这些超椭球面族的任意方向上的两个平行切平面产生两个切点，其连线方向就是共轭方向。可证共轭方向是指向超椭球面族中心的，若沿这个方向寻查目标函数的好点，优化过程显然加快。构造共轭方向的过程在开始时与坐标轮换法相似，此后，在每一轮寻查中都有一个坐标方向被新的方向代替。对 n 个设计变量的优化设计，在经过 n 轮寻查之后，构成了完全由新产生的方向组合而成的共轭方向。对于一般的共轭方向法，有可能因为新产生的各个方向之间出现线性相关的情况而出现计算无法收敛的现象。对此，鲍威尔引入了对共轭性的判别准则，这就是鲍威尔方法。

（三）约束随机方向法

约束随机方向法是一种不必求目标函数的导数，而解有约束优化设计问题的直接求解方法，适用于解连续问题。这种方法是解决约束优化设计问题的一种很简便的方法，它对目标函数的构造与性态没有特别的要求，收敛也比较快。但在这种方法中，寻查的方向和步长都是随机的，因此收敛速度的快慢以及最终结果的优化程度也有随机性。

约束随机方向法的基本原理：先选定一个满足全部约束条件的初始点，计算出这个点上的目标函数值。然后从这点出发，随机函数产生一大批随机数，再由这些具有均匀分布规律的随机数组成若干个随机寻查方向，并以一定的步长在各个方向上确定随机试点。对这些试点作验证，去掉不满足约束条件的点，留下可行点。计算出各个可行点上的目标函数值，从而找出最有利于目标函数趋优的方向。在这个方向上再按随机步长产生试点，计算出其中可行点上的目标函数值，从中选出最优点。再以这个最优点作为新的初始点，又开始进行新一轮的寻查。照此重复进行，直到在整个一轮寻查中无法得到新的初始点，则认为计算已经收敛。

（四）复合形法

复合形法是约束优化设计问题中的一种直接求解方法。这种方法思路清楚、方法简单，在一般优化计算中已得到了广泛的应用。它是一种有效的优化设计方法。

复合形法的基本原理：在 n 维空间的可行域内，选取 k 个点（$n+1 \leqslant k \leqslant 2n$），构成具有 k 个顶点的 n 维多边形或 n 维空间多面体，即初始复合形。在求出各顶点目标函数值后经过比较排队，从中选出目标函数值最小的点称为好点，目标函数值最大的点称为坏点，仅好于坏点的点称为次坏点。然后通过坏点和多边形的中点为优化方向，在优化方向上求得一个反射点，通过反射点延长、收缩、变形求得一个最优点。最后再淘汰最坏点，增补一个最优点，重新构造一个行维多边形。同理，经过反复构造 n 维多边形，最后全部顶点都已靠近最优化解。在满足一定精度的条件下，即可得到复合形法的约束最优化解。

（五）惩罚函数法

惩罚函数法是约束优化设计问题中的一种间接求解方法。它是将约束优化设计问题转化为一系列无约束优化设计问题求解的方法。这种方法的实质是将约束条件（包括不等式约束函数 $G_u(X) \leqslant 0$ 与等式约束函数 $H_v(X) = 0$）乘以一个或多个可变化的数列，即加权因子 r（称为惩罚因子），再与原目标函数 $F(X)$ 按照某些假设条件构造成一系列新的无约束目标函数 $\Phi(x, r)$，称为惩罚函数。最后用比较成熟的无约束优化设计求解的方法求

得惩罚函数 $\Phi(x, r)$ 的最优化解，并用此解作为原目标函数的近似解。

当约束条件不满足时，惩罚函数 $\Phi(x, r)$ 将受到惩罚；当约束条件满足时，它就不受惩罚。

根据惩罚函数法的具体构造形式和迭代求解的区域等因素，可将惩罚函数法分为内点法、外点法和混合点法 3 种方法。

以上几种优化方法，目前都有标准程序供设计时使用。

五、机械优化设计应用

随着科学技术的不断发展，现代高新设计方法被越来越多地运用到了机械优化设计中。但我们应当认识到，现代的设计并非仅将给定产品的设计完成，而是要统一考虑产品使用及设备维修等因素。因此，机械优化设计在强调环保设计以及可靠性设计等综合性考虑因素的机械优化设计应用中更为活跃，并且应用领域更加广泛，其涉及的具体应用领域主要包括：航空航天工程机械及通用机械与机床的机械优化设计，汽车和铁路运输行业及通信行业机械优化设计，水利、桥梁和船舶机械优化设计，轻工纺织行业、能源工业和军事工业机械优化设计，建筑领域机械优化设计，石油及石化行业机械优化设计以及食品机械等机械优化设计。

机械优化设计的应用领域非常广泛，可以将设计中的复杂结构系统问题解决，其具体涉及的设计应用包括：飞机机身及飞机结构整体机械优化设计、潜艇结构及潜艇外部液压舱机械优化设计、火箭发动机壳体及航空发动机轮盘机械优化设计以及机器人等机械优化设计。机械优化设计的理论和方法也在大规模的工程建设方面有所应用，其具体涉及的方面包括：建筑桥梁及石油钻井井架机械优化设计，以及大型水轮机结构等机械优化设计。此外，机械优化设计在运输工具零件的优化设计中的应用，主要涉及以下方面：汽车车架及悬柱机械优化设计、装载机平面或空间桁架结构机械优化设计、车身箱形梁结构及起重机机械优化设计、各类减速器及制动器圆锥与各类弹簧及轴承等的机械优化设计、圆柱齿轮及连杆机构和凸轮机构机械优化设计。

随着现代制造科学的高速发展，机械优化设计的应用领域也将越来越广泛。机械优化设计的基础即以信息、微电子、新材料为代表的新一代工程科学与技术的发展。因此，机械优化设计不但使制造领域的广度和深度都得到了极大的扩展，还使现代制造过程的设计方法与产品结构均发生了改变。同样，现代制造模式与生产管理的理论和方法、制造产品的现代设计理论与方法、制造过程及系统的测量、监控理论与方法以及制造自动化理论等，使机械优化设计的内容更加丰富，对机械优化设计的发展起到了促进作用，并且使机械优化设计拥有更为广泛的应用领域。

六、优化设计研究现状及前景

（一）优化设计研究现状

经过长期的设计实践，一些优化策略和方法（试验探索优化、进化优化、直觉优化等）产生了。在"设计—评价—再设计"的过程中，设计师会运用一些经典的优化方法（如知识、经验、黄金分割、分析数学、图解分析等）来进行优化设计，这些方法可以解决一些简单的单变量的优化设计问题。但在这个阶段，完整的优化设计理论体系还尚未形成，因而它被称为古典优化设计。

随着数学规划论这一近代数学分支的创立，尤其是近几十年来计算机及其技术的飞速发展，为计算工程设计中一些较复杂的优化问题提供了重要工具，并在一些民生要害部门及重大工程设计的应用中取得了较好的技术效果与经济效益，同时也对工程优化设计理论和方法的发展起到了很好的促进作用，如开发出一些大型的工程优化设计应用软件（优化方法程序库、机构与零件优化设计程序库、结构优化设计程序库等），并与工程优化设计的特点结合起来，在混合离散变量优化、模糊优化以及人工智能、神经网络及遗传算法应用于优化设计等许多方面都获得了十分显著的成果，以计算机和优化技术为基础的近代优化设计因此逐渐形成。

（二）优化设计研究前景

机械优化设计为机械工程界带来了巨大经济效益。随着技术更新和产品竞争的加剧，优化设计的发展前景非常广阔。当今的优化正逐步地向多学科优化设计发展，并对先进的计算机技术和最新的科学成果加以充分利用。虚拟设计技术是设计发展的必然，仿真技术也会越来越协同化、系统化。

未来机械优化设计的发展方向囊括了许多方面，如尚处于理论探索阶段的基于仿生学/遗传学算法的优化设计、结构拓扑优化、智能算法优化设计、结构动态性能优化设计、可靠性稳健设计、机械人性化设计以及可持续性创新优化等。

但我们仍需关注的是，在优化技术水平得到了提高的同时，国内机械加工或工艺水平、加工手段和制造技术也应同时提升才行，否则整体机械水平将仍然停滞不前。这不仅需要加工技术的引进，更重要的是加强设备的性能提升，尤其是数控机床的加工水平。加强与技术发达国家的合作和交流，软硬件技术共同提升，以期达到机械设计—加工一体化的目标。

第三节　计算机辅助设计

一、CAD 系统的类型

计算机辅助设计（Computer Aided Design，CAD），是以人为主导，利用计算机进行工程设计的一整套系统。使用 CAD 可以缩短产品设计周期，提高设计工作效率，提高产品设计的精确度和可靠性，还可以利用优化方法使产品达到最佳设计效果，是现代设计工作的一种新技术和强有力的工具，已广泛应用于工程设计领域。

CAD 技术自诞生以来，已开发出众多应用于不同领域的 CAD 系统。这些系统在设计对象和功能方面各不相同，根据其运行时设计人员的介入程度和解决实际问题的方式，可划分为以下三种类型。

（一）信息检索型（简称检索型）

信息检索型主要用于设计已定型的、标准化和系列化的产品，如电动机、减速器等，整个设计过程基本上由计算机自动完成，故又称为自动设计系统。这种系统将定型产品的各种资料储存于标准图形库、资料库、数据库中。设计时，根据订货要求输入必要信息后，计算机将自动选择满足要求的产品，输出图纸和各项技术资料。因此，这种系统只能选择系统中所储存的某种产品规格，不能进行产品的修改或新产品的设计。

（二）试行型

具有一定的修改功能，可对某些定型产品进行改造或对一些尚未定型的产品进行设计。试行型系统比信息检索型系统增加了图形修改程序。设计者输入原始数据后，计算机将自动检索出相应产品的标准图，并显示于计算机屏幕。此时，设计人员可通过软件将修改信息输入计算机，计算机经适当处理后显示出修改后的图形。因此，这种系统具有一定的设计灵活性。但由于它的基础与信息检索型相似，图形处理功能比较薄弱，修改不太方便，故仍难以满足设计新产品的要求。

（三）人机交互型

人机交互型系统是在计算机软硬件技术发展的基础上建立起来的。系统运行时，设计者可通过键盘、光笔、数字化仪、显示器等人机交互设备与系统进行对话，整个设计过程由设计者掌握，又称为会话型系统。

按这种系统工作，设计者可随时修改或补充图形，因此，它具有充分发挥人的聪明才智和创造性以及计算机信息存储量大、运算快等优点，从而可高效率地确定满足设计要求的最佳方案。这种系统具有高度的灵活性和广泛的适应性，适于解决各类设计问题，特别是新产品开发设计，是目前发展最迅速、应用最广泛的系统。

二、CAD 系统的软硬件配置

（一）CAD 系统的硬件及配置

所谓硬件，就是组成计算机的物质设备，一般由金属构架、机械、电子器件和磁性器件构成。一个典型的 CAD 系统基本上应由以下几部分硬件组成。

1. 主机

主机主要是指计算机的中央处理机（CPU）和内存储器（简称内存）两部分。它是控制和指挥整个系统运行并执行实际运算、逻辑分析的装置，是系统的核心。CAD 系统的主机可根据不同需要采用大中型机器，也可采用小型、微型计算机及专用的分布式多处理机。

2. 图形输入装置

图形输入装置是指向计算机输入图形、数据、程序以及各种字符信息的设备。常用的数据输入装置有光电式（或电容式）纸带输入机、卡片输入机、键盘和字符终端等。随着CAD 技术的发展，出现了大量性能良好的图形输入设备，如鼠标器、光笔、触摸屏、图形扫描器和数字化仪等。这些设备的发展又推动了 CAD 技术的应用。

图形输入装置的主要作用是将平面或空间上点的坐标输入计算机，其基本功能是定位和拾取。定位是确定和控制光标在图形上的位置，拾取是指示图形上的特定内容，理想的图形输入设备应兼具这两项功能。配置这类设备应尽量满足下列要求：高精度、高分辨率、直线性好，工作范围广。常用图形输入装置有键盘、光笔、鼠标器、数字化仪、大幅面图纸自动扫描输入机、触摸显示屏等，可根据不同要求和使用条件选用。

3. 图形输出装置

图形输出装置包括图形显示设备和绘图设备。图形显示设备是 CAD 系统中必不可少的人机交互、图形显示的窗口。它包括图形适配器和图形显示器。图形适配器是与 CPU 接口并控制图形显示的电子器件，它装有微处理器和用于数据缓冲的存储器等元件。图形显示器按结构分为随机扫描显示器、存储管式显示器和光栅扫描式显示器，有单色和彩色两种。其性能对 CAD 系统的工作有极大影响。在可能的情况下，宜配置高质量的彩色大屏幕显示器，构成双显示系统，至少也应采用中档的彩色单显示系统。

绘图机应按实际使用要求选定。一个系统一般配置一大一小两台绘图机，即能满足要求，条件不允许时只配置一台也可。绘图机向着高精度、高速度、大面积、低成本、低噪声的方向发展。目前常用的绘图机有平板式绘图机、滚筒式绘图仪，此外还有喷墨绘图机、热传导绘图机、激光绘图机等。

4. 数据存储设备——外存储器

外存储器用于存放大量的暂时不用而等待调用的程序和数据的装置，常用的有磁盘和磁带。

磁盘有软磁盘和硬磁盘两种。软磁盘容量较小，一般有 1.2 MB、1.44 MB 等规格。作为大容量外存储器的主要指硬盘，硬盘是随机存取的，数据传输速度快，是 CAD 系统的主要外存设备。目前硬盘的容量已经达到 GB 级，可以很好地支持 CAD 系统工作。

磁带成本低，存储容量大，也是常用的外存设备，因是顺序存储，一般用于存储批量大、使用不频繁的数据，有时也用于数据备份保存。

（二）CAD 系统的软件及配置

所谓软件，是指使用和发挥计算机效率、功能的各种程序。整个计算机系统的工作过程是由软件来控制和实现的，软件的水平是决定系统性能优劣、功能强弱、使用方便与否的关键因素。不同的 CAD 系统对软件的要求也各不相同。

CAD 软件包括基础软件和应用软件两部分。基础软件是编制应用软件的工具软件，而应用软件则是具有某种专业用途的软件，是用于设计某种机械或零件的软件。

一般基础软件包括计算分析基础软件和图形基础软件。前者包括工程计算中常用的计算与分析通用程序；后者又分为图形显示软件与绘图软件两类，是编制图形应用软件的基础。

应用软件是针对某一项工程设计，利用基础软件开发出来的软件，也包括专业设计计算软件和专用绘图软件两部分。由于设计的专业性强，涉及的领域广，常需设计人员自行开发。

此外，CAD 系统还需配置能编辑和输出各种技术文件的软件才能满足实际工程设计的需要。实际建立 CAD 系统时，其软件的配置数量应视系统功能的要求而定，同时应考虑系统的扩展可能性，以满足进一步发展的需要。

三、CAD 技术基础

一个完整的 CAD 系统，应具有以下功能：①科学计算功能，能进行各种复杂的工程分析与计算；②图形处理功能，能进行二维和三维图形的设计及图形显示，能自动绘图；③数据处理功能，有完善的数据库系统，能对设计、绘图所使用的大量信息进行存取、查找、比较、组合和处理；④分析功能，能对所设计的产品作各种性能分析；⑤文件编制功能，能制定各种技术文件，包括明细表等。

因此，现代的 CAD 系统软件开发涉及设计、数值计算、数据管理、图形处理等方面的大量知识。开发人员必须具有以下几个方面的基础知识。

（一）CAD 常用计算方法的程序化

在机械 CAD 的设计计算或分析作业中，常用到多种计算方法，如方程求根、数值积分、线性方程组求解、常微分方程的数值解法、插值计算、曲线拟合等。这些计算方法在大多数教材中都有详细论述，可参阅有关书籍或资料。

在建立 CAD 系统时，可以将这些常用算法建立起常用算法程序库，供程序随时调用。为使 CAD 能达到较好的效果，在程序化的过程中，需要对各种算法和程序方案作必要的分析比较，从中找出最佳方案。程序化应满足以下基本要求：

（1）保证能在计算机上解得符合要求的结果，包括必要的解题精度，使误差尽可能小。

（2）提高计算机的效率，缩短解题时间。采取必要的措施减少计算量，如把复杂的多项式简化为递推公式以减少相同内容的重复计算，用括号把含有共同因子的若干项括起来，把共同的乘除因子提到括号外面以减少乘除次数等。

（3）尽量节约程序的内存单元需用量或程序的存储量，可利用原有的工作单元进行计算，如使用自动变量、动态数组等。对数据很多的大题目，可利用调外存的方法节约所需的内存单元。

（4）程序的结构要简单清晰，便于阅读和理解，便于今后检查、修改。

（二）设计参数数表与线图的处理

机械设计中，需查找大量的有关设计参数的图表和线图，以使所有参数符合标准（或规范）的数值。例如，设计 V 带传动，需查找约 15 个数表与线图；设计标准圆柱齿轮传动，则需查找约 34 个数表与线图。为实现 CAD 系统中数表和线图的存储和自动检索，必须对各种参数数表和线图作必要的处理，其处理方法通常有以下 3 种：

（1）将数表和线图转化为程序存入内存。

（2）将数表和线图转化为文件存入外存。

（3）将数表和线图转化为结构存入数据库。

根据自变量函数，数表函数可分为一元数表函数、二元数表函数等。其程序化最常用的方法就是以一维、二维数组形式存入计算机。选择参数时，若涉及非节点上的函数值，则应用数学中的插值方法，如线性插值法、拉格朗日插值法、一元三点插值法、二元插值法等来求解。

机械设计资料中，很多参数间的函数关系用线图来表示。线图可能是直线的，也可能是曲线的。这时的 CAD 系统设计不能直接对线图进行编程，必须进行相应的处理才能实现线图存储和自动检索的目的。常用处理方法包括对线图的数表化处理和对直线图的公式化处理。

（三）数据库基础

从本质上讲，利用 CAD 系统进行工程或产品设计就是对计算机进行应用并进行信息处理的一个过程。在设计过程中，计算机表达信息的主要形式是数据，而大量数据、文字和图形的记录、加工是 CAD 系统主要的工作内容。由此可见，CAD 技术的关键就在于有效地存储和管理各类数据，使图形处理、数值计算等应用软件，既能共享公共数据资源，又可保持数据的独立性和完整性，避免不必要的数据冗余。

因此，CAD 系统开发人员必须具有数据管理方法、计算机数据管理技术、数据的逻辑和存储结构、数据库系统等方面的知识。

随着数据管理技术的发展，现代 CAD 系统开始采用数据库管理系统（DBMS），它是 CAD 系统的重要组成部分。DBMS 具有下列基本功能。

1. 定义功能
包括数据库文件的数据结构的定义、存储结构的定义、数据格式定义和保密定义等。

2. 记录功能
包括系统运行的监督和控制、数据管理、数据完整性控制、运行操作过程的记录等。

3. 建立或生成功能
包括各种文件的建立和生成。

4. 维护功能
包括数据库的更新或再组织、结构的维护、恢复和监视性能等。

5. 通信功能
DBMS 是在计算机操作系统的支持下建立和使用的，为此必须具备与操作系统联机处理的通信功能。

DBMS 的主要程序一般包括数据库管理程序、系统安装程序、数据装入程序、数据检索程序、数据库的安全保护和保密程序及数据库系统专用语言的编译程序等。

对于大多数 CAD 用户来说，由于 CAD 系统上已配置有 DBMS 软件，用户主要掌握的是在已有的 DBMS 的基础上建立本专业应用领域的数据库系统。各个阶段的工作内容如下。

（1）调查和分析工作
对建立数据库系统的环境作分析研究，对 CAD 数据库系统的应用目标作调查和分析研究。根据调查和分析结果，拟订数据库系统的建立规划。规划中一般应包括拟建成的数据库系统的规模、功能、使用率、数据类型和输入输出格式等内容。

（2）系统的数据结构设计
根据已有 DBMS 所确定的数据库模型，利用 DBMS 所提供的数据定义语言和有关程序来定义数据的模式和子模式。

（3）系统调试准备
少量数据装入系统进行预运行调试。

（4）装入数据
系统经调试符合要求后，利用 DBMS 提供的数据装入程序将具体数据装入数据库系统。

（5）编制数据库字典

编制数据库系统的使用说明书，以方便使用。

（四）绘图基础

CAD 系统应具有强大的图形处理功能，能让设计人员将设计构想（或初步设计计算结果）转换成图形信息输入系统，以图形的形式在计算机屏幕上显示出来，并允许设计者对所显示的图形（结构装配图或零件图）进行增、删、插入、位移、旋转、缩放、标注尺寸公差和技术条件等一系列操作，直至设计者对所作的设计满意为止。然后通过自动绘图机，将屏幕上显示的图形绘制成正式工作图纸。由此可见，绘图系统（包括屏幕绘图和计算机绘图）是 CAD 系统的主要组成部分，它差不多包括了 CAD 系统的全部硬件。

CAD 系统的开发人员必须掌握计算机绘图软件的编制原理和方法，能够编制基本几何图形绘图软件，编制几何元素相交图形子程序，了解二维图形、三维图形的几何变换原理，了解图形坐标系的变换与图形剪裁等基本理论并编制软件。

对于大多数 CAD 系统的用户而言，建立 CAD 系统时，一般可根据使用要求和经济能力，选购一种图形系统（包括软、硬件），按该系统提供的图形处理功能和设计产品对象开发自己的图形应用软件，建立自己的图形库和图形数据库。

四、计算机辅助设计技术在机械设计中的优势

（一）与人脑思维相适应

在进行设计时，机械设计师要对工程或产品有一定的构思，然后再将脑海中的立体构造通过三维实体模型表达出来，产生真实的产品形态，这样十分有利于设计师的思维表达。具体表现为：节省了设计的时间和精力，使其能够不必在产品图像表达上过于费神；激发了机械设计师的创新思维，实现设计的连续性；计算机辅助设计技术可以扩展机械设计师的设计思维，并且使设计产品更具有深入性特征。

（二）提高设计效率

三维机械设计技术对于复杂机械造型的呈现具有重要的作用，能更清晰地体现造型的几何形态。为了减少机械设计工作强度，缩短设计周期，提高设计效率，可以利用布尔运算等软件对复杂的几何实体进行简单的计算。在使用计算机辅助设计的三维 CAD 系统时，对其中的部分零件进行重新设计和制造可以实现开发全新机械设计的目的。另外，零件可以应用以往的设计信息，这样可以极大地提高机械设计的效率，使设计的难度有一定的降低。此外，计算机辅助设计系统的变型设计能力极强，可以实现快速重构，获得全新机械产品。

（三）便于零件设计与修改

计算机辅助设计软件的应用，对于装配环境下新零件设计的实现以及新零件和相邻零件之间的有机融合具有重要意义。同时，还能提高新零件设计的便捷性，减少了单独设计产生的错误或者不兼容。例如，在装配环境下，根据箱体形状和设计要求，可以快速、准确地设计出符合要求的箱盖；在零件环境下，配备了查找器，只要点击相应命令，就可了解零件的具体步骤，而且还可以用资源查找器中的零件回放功能，将零件造型的全过程连续地表示出来，使过程透明化。此外，对零件的修改，也可以利用资源查找器的某一命令

来完成，并且在装配条件下只需要点击修改就可以对零件进行修改操作，应用非常方便。

（四）提高机械产品的设计质量

随着机械技术的不断发展，机械产品逐渐与信息技术有机结合，再加上应用计算机辅助设计技术及 CIMS 技术，提高了产品的设计水平。通过计算机辅助设计技术，如设计优化、分析有限元受力情况等，确保产品的设计质量。另外，此类大型企业的数控加工工作日益完善，再加上计算机辅助设计技术的配合，在机械零件加工方面的效果良好，提高产品质量。通过三维机械设计，既可准确描述对象的大小、位置、形状等特征，同时也赋予了设计对象的体积、纹理、颜色、惯性、重心等信息，描述了设计对象的几何形状与工作状态，更加真实、准确、充分、全面地表达了设计意图。

五、计算机辅助设计技术在机械设计中的应用

设计、建模、协同、集成、仿真是计算机辅助设计的重要组成部分。这 5 部分包括概念设计、优化设计、计算机仿真、计算机辅助绘图和计算机辅助设计管理等内容。目前，在 CAD 系统的应用领域中，计算机辅助绘图发展得越来越成熟、越来越完善。随着理念的创新与技术的发展，CAD 逐渐从计算机辅助绘图领域分离出来，独立发展成为计算机辅助设计。一个健全的 CAD 系统，还应该包括工程数据库、图形程序库、应用程序库等。以下将对计算机辅助设计技术在机械设计中的具体应用进行分析。

（一）机械零件

机械零件的设计过程中，伴随着大量的计算。例如，在 AutoCAD、Visual Bas-ic 平台中开发参数化绘图软件、直线共轭内啮合齿轮泵轮设计时，为了提高齿轮泵的应用性能，需要通过人机对话方式，修改设计的参数。这种方法多在设计一般性机械零件中应用。

（二）机械设备

设计机械模具常应用于机械设计中。通过了解注塑模具的计算机辅助设计特点，提高应用 CAD 的优越性，了解现状并预测未来发展趋势。另外，还应充分认识到注塑模具的冷却系统、模具结构、顶出系统以及成型零件工件尺寸的设计，提高模具设计的快捷性、准确性。

（三）机械系统参数

作为机械设计的一部分，机械系统参数具有重要的作用。例如，通过 VB6.0 平台应用计算机辅助设计技术，可以对全液压推土机的行驶静压驱动系统参数进行计算和分析。同时，该软件还能计算液压系统的速度、刚度、参数校核、系统效率等。

（四）机器人

机器人设计是机械设计的一种综合应用。机器人设计首先要以 Pro/E 动态仿真原理为设计应用的基础，其次要利用 CAD 计算机辅助系统，对机器人灵敏、快速、精准等特点进行设计。同时，还可以对机器人的手臂操作以及手掌运动过程、运动范围进行研究，最终确定机器人的具体尺寸、型号和结构。

第四节　摩擦学设计

一、摩擦学技术概述

（一）摩擦学技术定义

摩擦学是研究相对运动的表面间相互作用的理论和实践的一门科学技术。它涉及机械设备中有关能量和材料转移及消耗的一切问题，包括摩擦、磨损、润滑和有关科学技术方面的课题。

在机械设计中，应用摩擦学的理论和实验数据，使设计的机器传动效率高，机械零件使用寿命长，这就是摩擦学设计。传统的机械强度设计中，在没有考虑摩擦的情况下，通常是选择耐磨材料、润滑剂和润滑方式来弥补。实际上这是采取技术措施对"纯理论"设计的修正。也可以说，机械传动中的润滑剂是一个不可缺少的"机械零件"，同样需要对其进行设计。

据统计，全世界有1/3~1/2的能源消耗在摩擦上。以汽车为例，发动机的摩擦，消耗了总动力的30%，加上其他损失，汽车的输出功率只相当于总消耗功率的25%，而实际用于驱动车轮的功率只占12%。可见，摩擦所造成的损失是极大的。

润滑是降低摩擦、减少磨损的主要措施。在两相对运动物体的接触表面之间，加入低剪切强度介质，使两物体分离，或者加入的介质与接触物体表面相互作用，形成低剪切强度的第三物体，都可称之为润滑。这种介质主要是润滑油、润滑脂、固体润滑剂。介质中能与金属表面相互作用而形成较低剪切强度的表面膜的元素，常见的有硫、磷、氯、氮、硼等元素以及各种表面活性剂。

控制摩擦、减少磨损、改善润滑已成为当前节约能源和原材料、延长机器使用寿命、提高产品质量的重要技术措施。

（二）摩擦学设计重要性、必要性

机器的结构可以分为两大类：一类是机械的构件，如连杆、轴、机架等；另一类是有相对运动的运动副，如轴承、铰链、螺旋、导轨、活塞和汽缸等。运动副的工作条件远比构件本身严格，运动副的工作状态和影响因素复杂多样。在这些影响因素中，对其摩擦学性质影响最为显著的因素主要有环境温度、工作载荷、两个零件的材质、相对运动、磨粒进入作用、表面情况和中间的润滑介质等。同时，摩擦表面的尺寸、形状和润滑剂的情况会在摩擦过程中出现时变现象，并且磨损件被新件替代、润滑剂被更换会使摩擦副的性质发生一个阶跃变化。有时机器在维修之后发生事故，就是因为没有处理好阶跃变化。

摩擦学问题大量存在于各方面的机械设计当中，如发电设备、汽车、铁道、宇航、电子等。据不完全统计，在全世界的能源使用中，有1/3~1/2的能源消耗在摩擦上，因而从摩擦学的角度来考虑，若能采取正确的措施，就可以大大降低能源消耗。磨损是机械零件3种主要的失效形式之一，所导致的经济损失是巨大的。

二、摩擦学设计的一般准则

从设计依据来看，磨损类型和机理、摩擦副的接触类型与运动方式、摩擦副的工况与运行环境以及配对副的精度、零件的重要性都是摩擦学设计的依据；从设计内容来看，摩擦学设计包括零件的表面形貌设计、工况参数和润滑设计以及摩擦副材料特别是零件表面及亚表面的显微组织结构、成分和理化性能设计3个方面。

（一）表面形貌设计

表面形貌通常用摩擦副的表面粗糙度来表征，即表面形貌设计主要是表面粗糙度的设计。粗糙度是指加工表面具有较小的间距和微小峰谷的不平度，它对接触应力、摩擦副的实际接触面积、表面持油能力以及接触变形类型、磨粒的嵌入特性等产生直接的影响。如果表面粗糙度设计得恰当，在摩擦副磨合后就能够得到适于工况条件的平衡粗糙度。对粗糙度的设计应遵循三个原则：第一，设计采用加工精度与粗糙度相对应的方式；第二，采用与机械工况相适应的润滑模式进行设计，如全膜流动压润滑对表面粗糙度要求不高，而弹流润滑对表面粗糙度的要求较高，针对不同的表面粗糙度应选择油膜厚度不同的润滑剂，见表2-3；第三，粗糙度及其纹理方向应针对特殊的润滑情况进行特殊处理，如设计内燃机缸套的内表面形貌时，考虑到缸套—活塞环摩擦副之间耐磨性和润滑输油的问题，除要求有较高的表面粗糙度外，还要求有合理的布磨纹理夹角，一般约为120°。

表 2-3　润滑状态与油膜厚度对照表　　　　　　　　　　　单位：μm

润滑状态	流体动压润滑	流体静压润滑	弹流动压润滑	边界润滑	干摩擦（金属氧化膜）
典型膜厚	1~100	1~100	0.1~1	$10^{-3} \sim 5 \times 10^{-2}$	$10{-3} \sim 10^{-2}$

（二）润滑设计

润滑设计包括润滑剂类型的选择和润滑方式的确定。

1. 润滑剂类型的选择

润滑剂影响摩擦副摩擦性能，其关键指标是黏度 η。在机械设计中，润滑剂的类型是由黏度决定的，而润滑剂黏度的确定是以摩擦副的运动形式和工况参数为标准。以运动形式为标准时，滚动润滑选用高黏度的润滑脂，滑动润滑选用低黏度的润滑油；以工况参数为标准时，高速低载荷选用低黏度润滑油，低速高载荷选用高黏度的润滑油。此外，由于机械在启动和停止时的润滑状态会经历边界润滑阶段，因此润滑油的选择还需要考虑油性和极压性等因素。

2. 润滑方式的确定

滴油、溅油、注油、浴油、喷油等是摩擦副常用的润滑方式。根据摩擦副的运动速度，可以选择不同的润滑方式。当滑动速度低于 3 m/s 时，一般选用浴油和滴油的润滑方式；当滑动速度在 3~12 m/s 时，一般选用溅油和喷油的润滑方式；当滑动速度高于 12 m/s 时，一般选用注油和喷油的润滑方式。

（三）摩擦副表面层设计

1. 一般设计法则

摩擦副的耐磨层薄膜（单层连续梯度膜和多层梯度膜）的设计法则包括以下 3 个方面：

第一，以黏着磨损为主。应遵循抗剪切强度正梯度法则，表面层采用互溶性小、化学活性强而抗剪切强度低的材料。

第二，以磨粒磨损为主。应遵循表面硬度负梯度法则，表面层采用 TiC、TiN 及表面淬硬层等非常硬的材料。

第三，以多种磨损混合为主。应遵循强度正梯度法则—硬度负梯度法则的复合梯度法则。

2. 摩擦副表面层设计要求

在摩擦学设计中，摩擦副耐磨层的设计要求有 3 个：①薄膜的弹性、抗断裂性要良好，以便能够使基体材料有足够的硬度和屈服强度，进而避免薄膜大程度出现变形，并且由于薄膜的厚度非常小，当外力作用于薄膜时，薄膜内不会产生应力集中致使薄膜断裂；②耐磨薄膜与基体的结合强度要十分高，避免出现因热力和机械力的作用导致耐磨层与基体材料脱落的现象；③耐磨层在热负荷作用下要呈热压应力状态，即在设计摩擦副耐磨层时，虽然基体材料和耐磨层的热膨胀系数不一样，但应使耐磨层的热膨胀系数大于基体材料，使得在摩擦热的作用下，耐磨层呈现热压应力状态，这样有利于提高耐磨层薄膜的抗磨性能。

三、摩擦学设计中的问题

（一）弹流润滑的启示

第一，润滑膜高压性态。在弹流润滑的条件下，由于压力的增高，液体的粘连性发生变化，转变为类似固体的黏弹性，这就会使得油膜的承载力在润滑油经过接触区时明显增强。

第二，润滑膜极限剪切应力。在弹流润滑膜处在高剪应变率和压力急剧变化状态下，呈非牛顿流体。达到极限剪切应力时，弹性润滑膜为黏塑性性质，在油膜内部或油膜与固体界面上将出现滑动，从而使油膜压力降低，甚至丧失承载力。

第三，润滑油膜承载力。在载荷逐渐增加的条件下，润滑油膜会越来越薄，当膜厚与粗糙度高峰相同时，就会出现润滑失效的情况。因此，采用膜厚比 λ 作为润滑状态的判断标准：

$$\lambda = h/\sigma \qquad (2-12)$$

式中：h ——最小油膜厚度；

　　　σ ——表面综合粗糙度。

若 $\lambda = 2\sim3$，则为全膜弹流润滑。但是，在对弹流润滑再进一步研究后发现，上述判断标准并不能与实际完全符合。随着载荷的增加，粗糙度高峰附近的局部压力也会增加，并且在逐渐增加的压力作用下产生的表面变形也会使粗糙峰展平面不出现接糙度高峰附近的局部压力随着载荷增加而增加的现象，甚至是不与粗糙峰展平面发生接触。这就说明弹流油膜有更大的承载力。

第四，乏油与干涸润滑。针对充足供油、乏油以及干涸润滑性能，有关学者提出了具体的判别方法。

第五，混合润滑状态。通过经典的 Stribeck 曲线可以观察到整个润滑体系的摩擦系数变化情况。虽然该曲线可以使人们对流体膜润滑与边界膜润滑的规律有全面的认识，但是对于两者的中间状态（即混合润滑状态），迄今为止研究得还很不充分，而且存在着各种不同的观点，这是现代润滑理论需要着重研究的领域。

（二）磨损问题

由于磨损的过程十分复杂，因而目前还无法对其进行深入的研究。具体而言，关于它的研究主要涉及磨损机理、实际接触面积、磨屑形成机理及各种参数对磨损的影响等。目前，许多磨损机理和计算方法都具有一定的局限性。由此可见，应充分重视对磨损规律、磨损机理及磨损计算方法的研究。

（三）固体的选择性转移效应

在摩擦学设计研究中，应加强对固体的选择性转移效应问题的关注。选择性转移对于提高机械寿命、减小摩擦磨损具有显著的作用。因此，弄清楚选择性转移的机理和影响因素、探索新的能形成选择性转移的介质和摩擦副、研究选择性转移的物理化学和电化学可以进一步促进工业应用的实现，对摩擦学设计的发展具有积极的影响。

（四）用系统工程的方法来处理摩擦学设计问题

系统工程是一门解决综合性、复杂性技术问题行之有效的科学。由于摩擦学系统的特性，采用系统工程的方法来处理问题是最方便的。采用虚拟技术来解决系统工程问题将是未来的发展趋势。

四、强度设计和摩擦学设计相结合的设想

对摩擦磨损润滑机理的深入研究探索出许多新的现象，这会促使人们进行更深入的研究。研究的目的是将已有知识运用到工业中。虽然国内外的摩擦学设计者在这方面做了大量的工作，但到目前为止，基本上还是停留在摩擦学的演算阶段，即按传统的设计方法，得出主要尺寸，然后验算润滑条件，若不满足再进行调整。虽然其演算方法逐渐趋向科学化、合理化，同时把一些现代方法引入润滑设计中，但是摩擦学设计仍处于被动地位。实践证明，经过验算满足润滑要求的机器在工作过程中多数还是因摩擦磨损而失效。因此，笔者提出将摩擦学设计与传统的强度设计相结合，推导出摩擦学设计公式，建立以摩擦学设计为主体的润滑理论模型、抛除完整的摩擦学演算、变被动为主动的设想。

五、关键技术

我国的摩擦学设计应用主要在两个领域：一是基础件开发：主要有滚动轴承、滑动轴承、螺旋和传动件（如齿轮、蜗轮、链、无级变速器、减速器等）等；二是产品开发，主要有铁路车辆、内燃机、汽车、农机、矿山机械、冶炼设备和发电设备等。

（1）基础件的研究，重点在轴承和传动件。滚动轴承是使用量大、范围广的基础件，我国已有上百个大小滚动轴承专业生产厂，且在寿命及精度方面均要求有较大提高。目前

我国应以提高轴承材料质量（大量用真空重熔钢材），提高轴承结构设计水平和开发新的润滑油和添加剂为重点，提高轴承的质量，特别是铁路车辆滚动轴承，每套数百美元，如能使其质量达到国际水平，不仅可以满足国内市场需求，还可以大量出口，获得可观的经济效益。传动件的摩擦学设计，齿轮（包括圆柱齿轮、锥齿轮、圆弧齿轮等）蜗杆、蜗轮、链条等的设计水平，直接影响机械传动的寿命，目前我国已开始在一般机械中广泛使用硬齿面齿轮。圆弧齿轮、新型蜗杆传动等在我国已有很好的研究基础，链条的应用还有很大的发展余地，因此这些零件的摩擦学设计具有很好的前景。

（2）加强表面强化方法和润滑油添加剂的研制推广应用以及摩擦材料的开发，需要强有力的组织和设计生产出高性能的产品，如汽车、工程机械等的离合器、制动器的摩擦片是使用量大、范围广的重要消耗材料，如能提高性能，并延长寿命，可以将其打入国际市场。

（3）产品重点在交通运输机械。如能减小汽车的摩擦，可使其效率提高 10%，或提高主要磨损件的耐磨性，使其寿命延长 10%，则将得到相当大的经济效益。在处理这一问题时，应全面解决内燃机、传动系统和车辆外形等各方面的问题，以提高汽车的效率和寿命。随着我国汽车保有量的迅速增加，这是一个极大的经济问题。在大型汽轮发电机轴承系统的摩擦学设计方面，由于我国煤炭资源丰富，大型汽轮发电机设计技术有很大实用价值。目前在转动轴承系统设计方面已得到了很大进展，但尚未进一步开发、应用和改进。这一设计系统的开发本身就有很大经济价值，可以提高汽轮发电机转动轴承系统的可靠性以及避免发生事故，获得数亿元乃至数十亿元的经济效益。另外，在铁路车辆摩擦学设计方面，随着我国火车速度的不断提高，车轮与铁轨的摩擦和磨损以及车辆机件的磨损都有很多问题急需进行进一步研究和改进。

（4）摩擦学系统的工况监测及故障诊断装置设计是具有综合性的新技术，在测量学中，对计算机应用自动控制等方面都有很高的要求，要具有自动测量、自动分析、显示报警和故障排除等方面的功能。预计在成套设备中（如化工石油、发电冶炼和矿山等）有较大市场。

（5）摩擦学数据库的建立可以为摩擦学设计提供参考和指导，也有助于新技术和新产品的推广。摩擦学研究成果很多，但很多资料和数据查用不便，而且有些数据资料不足，这就给摩擦学设计带来极大的困难。因此，必须建立大量的摩擦学相关数据库，如润滑油、润滑脂、耐磨材料、齿轮传动、蜗杆传动、滑动轴承、摩擦片和密封件等数据库。

第三章　机械数字化设计技术

第一节　数字化建模

一、概述

数字化设计制造的基础是数字化建模技术。它对产品整个生命周期中，数字化过程建模、产品建模、工艺建模和数字化企业建模，以及各种模型的数字化描述、仿真、表征、传递与转换等进行研究，产品的建模技术是其技术核心。

二、数字化产品建模技术

（一）几何建模

真实物体是三维的，具有不均匀的、各种各样的型面和结构。用计算机将三维形体描述成计算机认知的内部模型的过程称为几何建模。它是将形体的描述和表达在拓扑信息和几何信息基础上建立起来的建模技术。计算机内部可以将三维或二维模型作为表达方式。其中，点、线、面或符号是二维模型几何表达的基本元素，主要是在设计细节部分或计算机工程图的过程中运用。有3种建模方式用来表达三维模型几何，分别为曲面建模、线框建模、实体建模。

采用三维模型构成数字产品的几何模型，因此，下面我们只讨论三维几何模型的构建。

1. 线框几何建模

线框结构的几何模型是在CAD刚刚起步时惯用的几何模型，因为对线框结构的几何模型研究比较多，所以它是一种被广泛采用的模型。这种模型是以线段、圆、弧和一些简单的曲线为对象（通常人们也把线段、圆、弧和一些曲线称为图形元素）构造立体框架图来描述形体的。线框模型在计算机内部的信息数据结构是表格结构。如图3-1所示的立方体的数据构造见表3-1和表3-2，它由顶点表和棱边表来描述。

线框模型在三维软件中依然有用武之地，如Autodesk 3D Studio、Microsoft softimage等。但由于线框模型中没有面和体的概念，因此无法区分物体的内部和外部，端面也无法表达，在三维方面对线框结构的几何模型进行进一步处理会产生较多的阻碍，包括着色、消隐、特征处理等。因此，就诞生了新的模型——曲面几何模型。

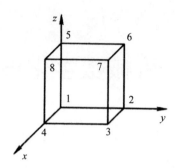

图 3-1　线框模型的表示法

表 3-1　顶点表

顶点	坐标值		
	x	y	z
1	0	0	0
2	0	1	0
3	1	1	0
4	1	0	0
5	0	0	1
6	0	1	1
7	1	1	1
8	1	0	1

表 3-2　棱边表

棱	顶点序号	
1	1	2
2	2	3
3	3	4
4	1	4
5	1	5
6	2	6
7	3	7
8	4	8
9	5	6
10	6	7
11	7	8
12	5	8

2. 曲面几何建模

航空和汽车制造业的需求促进了曲面几何模型结构（Surface mode）的产生，这时如果依然在对飞机、汽车等的描述中使用线段、圆、弧等这样简单的图形元素，则是非常不现实的。在描述时采用更光滑的曲面，是一种更加先进的手段，是符合当代科技发展的方式。因此，首先对人们提出了研究曲线的要求，于是相继产生了 Hermit Cubic Splines、Bezier Curves、B—Spline Curver、Non—Uniform Rational B-Spline 等曲线。通过一个基底函数，合成了这些曲线，因而曲线在随意构成任何造型的同时，还能对一些常用曲线，如椭圆、圆弧、抛物线等进行描述。Non—Uniform Rational B-Spline 曲线应该是现在发展得比较优秀的曲线，NURBS 曲线是这种曲线的简称，也就是非均匀有理 B 样条曲线。要求有充足的控制点，才能将 NURBS 曲线建立起来，通常所要求的控制点的数量是随着 NURBS 的阶数的提高而逐渐增加的，当然系统精度的要求决定了 NURBS 的阶数，相应的阶数越高的 NURBS，会促使系统产生更大的开销。

　　NURBS 曲面可以在 NURBS 曲线的基础上建立，现在 NURBS 曲面也是很多曲面几何模型的基石。以 NURBS 曲面为基础，各大三维软件供应商也纷纷对各自的造型系统进行了构建。在船舶、航空、汽车制造业或要求模型的外形比较精细的软件中，常常运用曲面几何模型，而且相比较线框结构模型的处理方式，曲面几何模型在三维消隐、着色等技术中运用起来是更方便，也更容易。但它也有缺点，对于面的一侧是体外还是体内，是无法进行区分的，也不能自动形成一个实体，设计者自己必须在设计时生成一个无缝隙的封闭模型。此外，曲面几何模型只给出了物体外形特征而缺乏实体信息，因此在有限元分析、物性计算等方面很难实施。

　　3. 实体几何建模

　　在实体模型的表示中，出现了许多方法，基本上可以分为 3 种：分解表示、边界表示和构造表示。

　　让形体通过某种规则的约束而分解为易于描述、更小的部分，就是分解表示。而在此过程中，每一个小的部分又可以分解为更小的部分，直到每一个小部分都能够被直接描述，分解过程才可结束。一种特殊的分解表示形式是由一种固定形状（正方形、立方体等）的单元来代表每一个小的部分，形体被分解成这些分布在空间

　　网格位置上的具有邻接关系的固定形状单元的集合，单元分解形式的精度由单元的大小来决定。以不同形状的基本单元为依据，常用的表示方法为四叉树、八叉树和多叉树等。

　　将形体空间细分为小的立方体单元是分解表示中一种比较原始的表示方法。所有空间中，凡是由形体占有的，存储单元中记为 1，其余空间记为 0。这种方法使用起来较为简单，容易实现形体的交、并、差计算，但是占用的存储量太大，物体的边界面没有显式的解析表达式，不便于运算，实际上并未采用。

　　（二）特征造型

　　1. 特征造型的特点和作用

　　相比较于前一代的几何造型方法，特征造型方法有以下特点和作用：

　　（1）过去起步于二维绘图的 CAD 技术，其发展阶段经历了三维线框、曲面和实体造型，都对产品的几何描述能力特别重视。而特征造型则十分重视更好地表达产品生产管理信息和完整技术，为产品的集成信息模型的建立，提供支撑和服务。对于统一产品模型，

用计算机对其进行理解和处理，并对传统的施工成套图纸、产品设计以及技术文档进行代替，使得一个工程项目或机电产品的设计和生产准备各环节可以并行展开，信息畅通。

（2）它使产品设计工作在更高的层次上进行，设计人员的操作对象不再是原始的线条和体素，而是产品的功能要素，像螺纹孔、定位孔、键槽等。特征的引用直接体现设计意图，使得建立的产品模型容易为别人理解和组织生产，设计的图样更容易修改，设计人员可以将更多的精力用在创造性思维中。

（3）对于产品分析、设计、工艺准备、加工以及检验各部门间的联系具有有利影响，能够在各个后续环节中更好地贯彻产品的设计意图，并且将反馈意见及时收集起来，以统一产品信息模型为基础的新一代 CAD/CAPP/CAM 集成系统的开发，便获得了有力的前提条件。

（4）对于行业内的工艺方法和产品设计的规范化、系统化以及标准化有推动作用，预先考虑产品设计中的制造要求，使得产品结构的工艺性更充分、更有保证。

（5）对于归纳总结各行业中的实践经验有推动作用，将更多的规律性知识从中提炼出来，使得各个领域中专家的知识库和规则库得到丰富，逐步建立并完善智能制造系统和智能 CAD 系统。

2. 特征的表示方法

目前，主要有以下 3 种方法表示常用的特征：

（1）以 B-rep 为基础的方法

特征的定义在 B-rep 为基础的方法中，是一个零件的相互联系的面的集合（面集），被称为"面特征"。B-rep 模型是以图为基础的，也常被称为赋值的模型，这是因为所有的几何/拓扑信息显式地表达在面一边一顶点图中。许多研究者都很推崇 B-rep 表示特征的方法，这些方法可以将充足的信息表达出来。属性值（如表面粗糙度、材料等）、尺寸和公差是可以联系起 B-rep 模型的，但 B-rep 方法也有缺点，即它与特征体素和体积特征不产生直接的联系，因此进行特征操作（删除特征）比较困难。

（2）以 CSG 为基础的方法

特征的定义可以是体积元素，这是以 CSG 为基础的特征表达方法，零件的构造是由体积元素通过布尔操作来实现的。要对体素进行有效、简捷的操作与编辑，则 CSG 表示方法是首要的选择对象，对于特征体素与 CSG 之间有意义的联系进行表现，并且特征模型的构造可以通过二叉树实现。要提取特征，但表示的不唯一性是 CSG 模型的主要问题，并且对低层的构形元素的显式表达比较缺乏。但是赋予 CSG 模型一定的值，将其相应的边界表示推导出来，就可以将这些问题克服。

（3）以混合 CSG/B-rep 为基础的方法

CSG 和 B-rep 表示方法有各自的优点或缺点，混合表示方法的产生是将二者的优点融合为一体。对 B-rep 信息和 CSG 树进行重新构造，使其获得一种混合形式，并由此对特征进行表示的另一种 CSG 树。Roy 和 Liu 将一种混合 CSG/B-rep 表示特征及公差和尺寸的方法提出来。物体组件关系的多级表示由特征的层次结构提供，保持边界表示存在于每级的细节中。Gossard 等人将一种在几何造型中显式地表示公差、尺寸和几何特征的方法提出来，CSG 和 B-rep 表示在该方法中，被结合在一个形体图的图结构中。在设计系统中，表示特征的较好方法就是混合 CSG/B-rep 方法，原因是它将 CSG 模型及 B-rep 模型的优点纳入自身体系当中。CSG 模型运用于高层元素的操作中是比较容易的，B-rep 模型较容易赋予低层元素（点、线、面）尺寸、公差和其他属性。

三、参数化设计

最初的 CAD 系统所构造的产品模型都是几何图素（点、线、圆等）的简单堆叠，仅仅描述了设计产品的可视形状，而将设计者的设计思想排除在外，所以要改动模型是比较困难的，为了使新的产品实例生成，解决这种问题的有效途径就是使用参数化的设计方法。

通常将零件或部件有比较固定的形状这一特征定义为参数化设计，将几何图形的一组尺寸、结构和序列用一组参数进行约束，设计对象与参数的控制尺寸是一种显式对应，当把不同的参数序列值赋予几何图形时，可通过驱动，将新的目标几何图形构建出来，包含设计信息的模型就是所得到的设计结果。产品模型的可变性、可从用性、并行设计等，都由参数化提供手段，方便用户对以前的模型加以利用，来重建模型，并且以遵循原有设计意图为前提，便于对模型进行改动，从而不断生成系列产品，极大地提高了生产效率。这是参数化概念被引入后，由此引发的设计思想上的变革。

目前，参数化设计的研究范围已由最初的二维图样参数化设计发展到覆盖产品的整个生命周期参数化设计，研究的对象除了传统的二维图样、三维零件实体等以外，还包括零件间的装配关系、产品特征、产品变型设计等产品层次的参数化表示，这使得参数化自身的含义得到了进一步拓展。

（一）参数化设计和数据驱动的理论方法

约束造型是参数化设计技术的核心，其特征是尺寸驱动，设计者被允许首先进行草图设计，将设计轮廓用笔勾画出来，然后再输入将精确的尺寸值，从而使设计最终完成。相比较无约束造型系统，更符合实际工程设计习惯的是参数化设计，因为设计人员往往在实际设计的初期阶段，对本部件的大致性能和形状最为关心，而并不十分关心精度的尺寸，参数化造型技术的优点尤其在系列化设计中表现得最为突出。

可将约束满足的过程看作是对整个设计过程的概括，通过对产品有效约束的提取使得其约束模型建立起来，并进行约束求解，这是设计活动的本质。主要从结构、功能以及制造 3 个方面产生设计活动中的约束。对产品所能完成的功能的描述就是功能约束；表示产品结构强度、刚度等的为结构约束；表达制造资源环境和加工方法的是制造约束。将这些约束综合成设计目标，并运用到产品设计过程中，在映射中，让它们成为特定的几何/拓扑结构，由此产生向几何约束转变的现象，并要求几何元素必须满足某种特定的关系，这就是所谓的几何约束。构成几何/拓扑结构的几何基准要素和表面轮廓要素可以是几何约束，将形状结构的位置和形状参数进行导出，使得最终形成参数化的产品几何模型。

现有两种类型的几何约束：尺寸约束和结构约束。

通过图上的尺寸标注表示的约束就是尺寸约束，如角度、距离等。对几何体的自然和直接的描述是体现在工程图中的尺寸标注上的，这为修改几何形体提供了合适的方式。以尺寸标注值的变化为依据，对图形进行修改，就是尺寸驱动的目的，同时使拓扑结构关系在图形变化前后保持一致。

几何元素之间的拓扑结构关系就是结构约束，对几何元素的空间连接方式和相对位置进行描述，并且保持其属性值在参数化设计过程中不发生改变。结构约束和尺寸约束可以统一为一种表示方法，用以下形式表示：

$$C = (T, O_1, O_2, V) \tag{3-1}$$

式中：C——约束；

T——约束类型；

O_1，O_2——约束对象；

V——约束值。

在数据类型上，约束值可以是实型或整型，尺寸约束的代表是实型，其关系是数量上的。约束是有方向的，这是由其约束值的正负所决定的。

结构约束的代表是整型，肯定了某种几何拓扑结构关系，不含有数量关系，而是一种属性关系。

几何元素之间相互约束的方向性由带符号的约束来体现。其明确界定了几何体拓扑结构，有效避免了多解情况的出现。

（二）支持产品全生命周期参数化设计的研究

当前，二维工程绘图技术和三维几何造型技术在支持参数化设计的过程中日趋完善，已经在产品设计中占据了重要地位。不过，在对系列化产品设计、变型设计等方面给予支持时，对于本应具备的柔性，大多数 CAD 系统达不到。不同于零件的参数化设计，一个更加复杂的过程就是产品的参数化设计过程，它不仅要对参数驱动尺寸或拓扑结构进行考虑，还应充分考虑产品的规格、功能、工艺、材料以及各个零件之间的装配关系。此外，许多在设计阶段所产生的问题不能及时得到彻底解决，因而设计者的思想、设计者提出的问题以及其他解决方案等，都应该是产品参数化模型所要表示的。

在产品设计中，功能需求的改动可以对整个产品模型的高层结构产生直接影响，进而对产品配置中各个零件的改变产生影响，面对这样的情况，应当自上而下地按功能分解产品，对于可以实现这些子功能的零件模型，可以通过功构映射寻找到，也可以通过整合而使其成为经济可用的产品。对于这个问题的研究在近些年有比较高的热度，工程概念与几何形状的有机结合构成了这些产品的建模方式，使 CAD 系统表达设计对象的能力大幅度提高，实现了 CAD/CAPP/CAM 一体化。与此同时，缩短产品设计周期的并行设计也得以顺利进行，由于设计问题功能和形状间的关联多重性以及非结构化等原因，还需要进一步研究真正能够实现计算机辅助方案设计的方法。

第二节　面向对象的产品数字化开发技术

一、二次开发的基本理论

（一）软件二次开发平台的质量标准

CAD 软件设计者的目标是开发出一个优秀的二次开发平台。对于一个二次开发平台的品质上的衡量，我们可从以下几方面入手：

1. 平台易用性

一般的工程技术人员可以很容易运用二次开发技术，因此，对于他们的工程习惯应该做到尽量迎合。这一因素首先对二次开发平台的质量产生影响。

2. 技术先进性

二次开发技术应尽量同步于软件技术的发展，在技术上始终保持一定的先进性，否则很容易因为技术跟不上而被淘汰。

3. 执行高效性

在图形处理中，比较广泛地使用 CAD 软件；在提高系统执行速度上，对先进的软件技术和算法的应用可以起到重要的关键作用。

4. 平台稳定性

其实不只是针对二次平台来说，也包括所有软件产品在内，衡量产品质量的重要指标都是稳定性。

5. 可移植性和兼容性

当前，还没有一个统一的标准来规定二次开发技术，但从数据结构和特点来说，每个 CAD 软件都是不同的，因而对其具有可移植性的要求是比较高的。另外，在不断发展着的软件技术的推动下，在对原有开发方式进行改进或将新的开发方式推出来之后，应该保持比较好的用户原开发的直用程序向下兼容性。根据软件技术的发展走向，解决兼容性和可移植性的可行性方案将是组件技术。

6. 可伸缩性

二次开发平台的基本特色是可伸缩性，它将二次开发平台视为一种机制的来源，使宿主应用程序可以对多个用户开发的应用程序同时进行管理，对于应用模块的动态加载和释放可以做到实时性，使软件规模的动态伸缩得以实现。

7. 相对独立性和系统融合性

二次开发平台应该成为一种机制的来源，使用户开发的应用程序获得相对独立，宿主应用程序和其他二次开发应用程序在对二次开发平台进行加载和卸载时不会受到影响，这就是相对独立性。融合性是指二次开发平台应该作为相应的编程接口的来源，使宿主应用程序的交互流程和消息循环能够为用户开发的应用程序所进入，可以与宿主应用程序及其他应用程序进行互操作，促使无缝集成变为现实。不管是相对独立性还是良好的融合性，都是二次开发平台所要提供和保证的。

（二）软件二次开发平台的体系结构

在二次开发过程中，以二次开发技术的不同为依据，分为内嵌机制和外部开发机制两种模式。内嵌机制是在宿主程序中集成语法解释器，对脚本程序段在程序中进行直接调用，在执行后，其结果即可在宿主程序中显示，这种形式包括 Auto-CAD 中的 AutoLisp、ArcView 中的脚本。内嵌机制具有针对性较强、易学易用，与宿主程序的融合性好的优势，主要在扩充宿主程序功能，再建 CAD 模板库及界面定制等方面发挥作用。但是它是在宿主程序上固定存在的，因此限制了其功能的灵活发挥，其运行只能与宿主程序同步。

外部开发机制则是由 VC++、VB、Delphi 等外部集成开发环境，对宿主程序暴露的接口进行调用，宿主程序的功能模块所提供的功能是在调用程序的过程中实现的。外部开发机制方式的功能性非常强大，几乎可以将宿主程序提供的所有功能变为现实，并且独立性较强，还会生成拥有自己的界面和功能新的应用程序，宿主程序的运行不受其执行的影响。此外，外部开发机制还可以在宿主程序中调用开发成果，将其作为插件，使得宿主程序的功能模块不断增加。每一次开发模式的运行可视为对软件的一次创新，但是也存在一定的缺陷，就是对于二次开发人员的素质，要求较高，需要深入了解宿主程序，且对宿主程序的要求较高。

1. 内嵌机制体系结构

宿主程序是内嵌机制的核心，而其关键部件是脚本语法解释器。在该模式中，先将内嵌的语法解释器由宿主程序进行初始化，再将脚本程序段装入；语法解释器以程序代码控制宿主程序对功能模块的调用为依据，在宿主程序中利用功能模块使脚本代码需要执行的功能变为现实。

2. 外部开发机制体系结构

外部开发机制的独立性比较强。通过其内部函数，二次开发应用程序按一定的方式对宿主程序的功能模块进行调用，而不会发生与宿主程序相关联的情况。这些功能模块的功能可被视为二次开发应用程序内部功能，无缝连接二次开发应用程序，其直接在程序中实现。

二、三维平台的二次开发环境

（一）CATIA

CATIA 软件是当今 CAD 领域曲面设计、模具设计、实体造型等方面等级非常高的软件，运用于大量涉及复杂外形设计的工作领域，包括航空航天工业、汽车制造业等，CAT-IA 强大的功能也因此得到了极大展现。法国 Dassault 飞机制造公司开发了该软件，运行于 UNIX 系统平台的工作站，之后移植到 PC 平台上则是由 IBM 和 Intel 公司实现的，为用户提供了极大地便利，使得在短时间内，该软件就在全球范围内得到了推广。

1. CATIA 软件二次开发接口

CATIA 接口可通过两种方式实现与外部程序的通信：进程内应用程序方式和进程外应用程序方式。

（1）进程内应用程序方式

CATIA 软件在这种方式下，与脚本在同一进程地址空间中运行，这就是宏方式。菜单记录宏在 CATIA 环境下通过，宏记录后，使得 VB 脚本序列生成，CATIA 在宏开始运行时，就处于未被激活的状态，因此不能对之间存储变量的值进行宏调用，其完成程序是在 CATIA 环境下，相对简便。

（2）进程外应用程序方式

CATIA 与外部应用程序的运行不是在相同的进程地址空间中，也就是 CATIA 自动化方式。在运行 CATIA 时，利用接口，外部进程可实现对 CATIA 的操控，从而促使创建、修改 CATIA 环境和几何形体的数据、尺寸等的实现，对象连接与嵌入（OLE）得到允许。

CATIA 使用以 COM（组件对象模型）技术为基础的自动化提供二次开发接口。作为一种二进制兼容规范，在二进制可执行代码级基础上，COM 使不同语言开发的组件相互通信，使得代码的重用得到增强，提供对外访问接口。在解释环境下执行自动化，继承了 COM 的进程透明、与语言无关的特点，简化了 COM 的底层细节，得到了更加广泛的应用。

自动化技术的数据类型是具有自身特色和属性的，Variant 是基本的数据类型，自动化中所能用到的数据类型的联合体和数据类型标识符是 Variant 主要所包含的内容。在对 CATIA 进行二次开发的过程中，常用的 3 种类型分别为 Vari-ant 类型、BSTR 类型和 Safe-Array 类型。数据类型的转化是在 VB 等开发环境下系统自动实现的，VC 环境下提供了一组函数，如 SysAllocString、SysAlloeStringLen、SysFreeString 等函数对 BSTR 类型的处理，MFC 类 CString 也可调用成员函数转化为 BSTR 类型。

SafeArray 是一个数组类型，可以改变它的元素个数，在对其从处理时，可以使用 SafeArrauCreate、Safe—ArrayDestrov、SafeArrayPutElement 等函数。

约 360 个接口对象，107 个枚举数据类型都是由 CATIA Automation 所提供的。CATIA 定义的专用数据常量包含于枚举数据类型中。在自动化技术的使用环境下，对应用程序来说，无法看见 CATIA 与应用程序之间传递消息的数据结构，也无法使用接口对象实现与外部进程的通信。二次开发 API 也可以说就是接口对象。

其他所有接口的基本接口为 IUnknown，其他所有接口从 IUn-known 的继承都是直接或间接的过程，以 COM 为基础的应用程序的接口都只能是该接口。自动化接口的核心是 IDispatch，该接口作为对象的接口是每一个自动化对象都必须实现的。

CATIA 创建和实现接口的基类是 CATBaseUnknown，CATIA 自动化接口的基类是 CAT-BaseDipatch。而 AnyObject、Collection、Reference 则是其他所有对象的抽象基类。例如，AnyObject 是 Application、Window、Document 等对象的基类，Collention 是 Windows、Docu-ments、Products 等对象的基类，Refererence 用于表示指向另一个对象的对象。

2. CATIA 几个重要的对象

用于工作台的对象，由 CATIA 自动化提供，与外部进程进行交互的方法与属性由这些对象提供。

在编程时，应首先打开或创建 Application 对象。作为一个全局对象，Appli-cation 对应于正在运行的 CATIA 及其框架窗口，是外部程序能直接访问的对象的根对象，直接聚合了 Document（文档集合），Application 打开的当前文档的集合，如 System Service（系统服务）、PartDocument、ProductDocument、Windows（窗口集合，Application 管理的窗口对象集合），提供系统服务的对象，如获取环境变量，从控制台输出字符串，执行同步或异步进程。

操作系统将 Document 对象看成一个整体来进行处理，在文件或数据库中存储数据。以所包含的不同数据内容为依据，赋予其相应的名称，CATIA 中包含 PartDocument、Pro-ducument、Drawing Document 3 种类型的文档，它们对应了 3 种对象。

（二）Pro/Ellgilleer

Pro/Engineer（以下简称 Pro/E）软件系统是 1989 年美国参数化公司 PTC（Parametric Technology Corporation）推出的产品，是一个在对产品进行三维模型设计、加工、分析及绘图等时使用的 CAD/CAE/CAM 软件系统。目前，Pro/E 软件广泛应用于我国的电子、家电、塑料模具等行业，是国内用户使用最多的 CAD/CAM 软件。

与其他著名的 CAD/CAM 软件一样，Pro/E 软件在使用中也不可能满足所有的设计需求，特别是国外的 CAD/CAM 软件在设计标准、规范及标准件库上与国内存在差异。因此，研究 Pro/E 软件的二次开发接口 Pro/Toolkit 是一项重要工作。

1. Pro/Toolkit 工具箱

Pro/Toolkit 作为一种用户化工具箱，是为 Pro/E 软件专门提供的。该工具箱使得软件、用户程序及第三方程序实现了与 Pro/E 的无缝连接，用 C 语言编写用户程序或第三方程序。

C 函数库由 Pro/Toolkit 所提供，可以说 Pro/Toolkit 是 Pro/E 应用程序开发者们的 API。该函数库创设一种可控制的、安全的方式，实现了用户或第三方的应用程序对 Pro/E 的数据库的访问和应用。

在 Pro/Toolkit 中，最基本的两个概念是对象（Object）和行为（Action）。在 Pro/Toolkit 中，每个 C 函数完成一个特定类型对象的某个行为，每个函数的命名约定是 "Pro" 前缀+对象（Object）的名字+行为的名字。一个 Pro/Toolkit 的对象是一个定义完整、功能齐全的 C 结构，能够完成与该对象有关的行为。大多数对象对应的是 Pro/E 数据库中的一个元素（Itern），如特征、面等。Pro/Toolkit 中还有其他一些特点：统一的、广泛的函数出错报告；统一的函数或数据类型的命名约定等。

2. Pro/Toolkit 的工作方式

Pro/Toolkit 应用程序共有两种工作方式：同步模式（Synchronous mode）和异步模式（Asynchronous mode）。

（1）同步模式

同步模式又分为两种方式：一种是最标准的使用模式，即 DLL 模式。Pro/Toolkit 应用程序与 Pm/E 的集成是通过 DLL 的使用来实现的。在 DLL 模式中，采用连接与编译的方式，使得 Pro/Toolkit 的 C 代码将一个目标文件生成。在 Pro/E 启动时，该目标文件与 Pro/E 连接在一起，相当于 Pro/E 本身的程序。另外一种模式是多进程模式（Multi—process mode）。采用该模式后，使得一个独立的执行程序在 Pro/Toolkit 代码经过编译和连接后生成，可在 Pro/E 启动时，这个程序跟着一起启动。当然其也可以在运行 Pro/E 时，根据使用者的意愿而随时启动，启动后程序的运行是 Pro/E 的一个子程序。

Pro/E 和 Pro/Toolkit 应用程序之间的信息交换在 DLL 模式中，是通过函数调用直接实现的；而应用程序和 Pro/E 之间信息交换在多进程模式中，是对进程间的通信机制进行利用的。相较于 DLL 模式，多进程模式对更多的通信开销都有涉及，特别是当应用程序要频繁地对 Pro/Toolkit 的库函数进行调用时。采用多进程模式有利于程序开发阶段的顺利进行，因为这样不用将整个 Pro/E 程序装入调试器而只需要将应用程序转载入调试器。

在切换 DLL 模式和多进程模式时，是不需要修改 C 代码的。因此，多进程模式一般在应用程序开发阶段采用，这对程序调试是十分有利的；在完成程序开发后，其发布采用 DLL 模式，可以提高程序的运行速度。

（2）异步模式

全异步模式和简单异步模式是异步模式的两种形式。

Pro/Toolkit 应用程序在简单异步模式中，包含有自己的主函数｛Main（）函数｝、定义程序的控制流，并能通过调用函数 ProEngineerStart（）在程序中启动 Pm/E 进程。在这种情况下，应用程序可以对有其风格的界面进行开发，并且 Pm/E 界面不对该界面进行牵制。在运行过程中，Pro/E 进程对 Pro/Toolkit 进程中发出的异步请求信息进行"倾听"，然后以接收到的请求信息为依据，相应地做出回应。

简单异步模式的扩展就是全异步模式，在这种模式下，Pro/Toolkit 应用程序与 Pro/E 可以互相发送请求/消息。也就是说，定义菜单按钮或建立通知机制是与同步模式的环境下相同的。对全异步模式的使用，首先调用 ProEngineer Start（）函数就应该像在简单异步模式下一样。另外，必须将事件处理函数在 Pro/Toolkit 程序中建立起来，该函数陷阱（Trap）的信息不断从 Pro/E 中传递过来，并从控制环（Control loop）中对陷阱信息进行检查和处理。调用函数 ProInterrupt Set（）是定义事件处理函数中必要的过程，只有一个是该函数的参数，Void 是其返回值。同时对该函数的调用必须在调用 ProEngineer Start（）函数之前。为了回应 Pro/E 的消息，需要对函数 ProEvent Process（）进行调用，该函数没有返回值。

综上所述，当 Pro/Toolkit 程序与 Pro/E 进程之间只存在单向消息传递时，应该采用简单异步模式；而当双向通信存在时，则最宜采用全异步模式。

第三节　数字化仿真技术

一、数字化仿真技术概述

（一）数字化仿真技术及其分类

在开发新产品或设计新系统时，为研究产品或系统的性能特征，通常需要进行试验。总体上，有两类试验方法：一类方法是以实际的产品或系统为对象直接进行试验；另一类方法是先构造系统模型，通过对系统模型的试验来分析和验证系统的性能。

与直接的实物试验相比，基于模型的试验具有以下优点：①当新产品或系统还处于开发阶段、尚没有可供试验的真实对象时，只能通过对模型的试验来研究系统，如新型飞机、新型汽车的研制等；②对真实系统的试验可能会引起系统故障或造成严重破坏，给系统、环境、操作人员或用户等带来危害并造成重大损失，如新型火箭、卫星、载人飞船的研制，电力系统、铁路机车系统的操作与调度等；③为得到系统真实的性能指标，往往需要进行多次试验，使得基于实物的试验成本高、试验周期长；④试验条件的一致性是保证试验结果准确和可信的重要条件，基于实物的试验在此方面有一定的难度。

随着科学技术进步和系统复杂性的提高，基于模型的试验方法受到人们重视。其中，建立系统模型是开展模型试验的前提，该过程被称为系统建模。模型是对实际或设计中系统的某种形式的抽象、简化与描述，通过模型可以分析系统的结构、状态和动态行为。

　　根据模型类型，仿真可以分为物理仿真、数学仿真以及物理—数学仿真。物理仿真是通过对系统物理模型的试验，研究系统的性能，如飞机的风洞试验、建筑模型的抗震试验、新汽车研发中的碰撞试验等。数学仿真是利用系统的数学模型代替实际系统进行试验研究，以获得现实系统的特征和规律，如基于有限元的强度分析、基于虚拟现实技术的汽车碰撞试验等。物理—数学仿真是前两者的有机结合。显然，如果采用数学仿真可以研究实际系统的性能，就一定能够显著地降低模型试验的时间及成本。

1. 物理模型

　　采用特定的材料和工艺，根据相似性原则按一定比例制作的系统模型，可以用其评估系统某些方面的性能。例如，研制新型飞机时，对缩小的飞机模型进行风洞试验；新型汽车开发时，先建立油泥模型，以便对汽车的外观、结构、装配和尺寸等进行评估；工程项目建设时，建立沙盘模型，以便对项目选址、规划布局、环境、配套设施等做出评估。

2. 数学模型

　　由特定的符号、变量、方程、函数或程序等定义系统的结构组成，描述系统的运行规律，通过对数学模型的试验获得实际系统的性能特征。例如，利用有限元方法预测结构的强度和寿命、以运筹学模型分析和控制库存、利用仿真软件分析和优化车间设施布局等。

3. 物理—数学模型

　　也称半物理模型。它有机地结合了物理模型和数学模型的优点。例如，飞行员、航天员仿真飞行训练器，电网、铁路系统调度仿真训练器等。

　　仿真（Simulation）是通过对系统模型的试验，研究已存在的或设计中的系统性能的方法及技术，它是一种基于模型的活动。仿真可以再现系统状态、动态行为及性能特征，预测系统可能存在的缺陷，用于分析系统配置是否合理、性能是否满足要求，为决策提供支持和依据。

　　系统、模型与仿真三者之间有着密切联系。其中，系统是要研究的对象，模型是系统某种程度和层次的抽象，仿真是通过对系统模型的试验以便分析、评价和优化系统

　　随着计算数学、计算力学以及计算机软硬件等相关技术的发展，人们越来越多地在计算机中利用数学模型来分析和优化系统，形成了计算机仿真技术。计算机仿真属于数学仿真，它的实质是仿真过程的数字化，也被称为数字化仿真（Digital simulation）。

　　数字化仿真技术已经成为提升制造企业竞争力的有力工具。它的主要作用包括以下几个方面：

　　第一，有利于提高产品及制造系统的质量。传统的产品开发和制造系统设计以满足基本功能为目标。随着市场竞争的加剧，产品及系统全寿命周期的综合性能已成为设计的核心准则。物理仿真往往难以再现产品或系统在全寿命周期内各种复杂的工作环境，或因复现环境的代价太高而难以付诸实施。数字化仿真技术可以克服上述缺点，在产品或制造系统尚未实际被开发出来之前，研究系统在各种工作环境下的表现，以保证系统具有良好的综合性能。

　　第二，有利于缩短产品的开发周期。传统的产品开发遵循设计、制造、装配、样机试验的串行开发模式。由于简单的计算分析难以准确地预测产品的实际性能，通常需要通过样机试制和实物样机的试验来评价设计方案的优劣，以便修改和完善系统设计，使得产品

开发繁复性大、效率低、周期长。

利用数字化仿真技术，可以在计算机上完成产品的概念设计、结构设计、加工、装配以及系统性能仿真，提高设计的一次成功率，缩短设计周期。例如，美国 Boe-ing 公司的777 型飞机开发广泛采用数字化仿真技术，在计算机和网络环境中完成飞机设计、制造、装配及试飞的全部过程，取消了传统的风洞试验、上天试飞等物理仿真及试验环节，开发周期由 9~10 年缩短为 4.5 年。

第三，有利于降低开发成本。数字化仿真技术以虚拟样机代替实际样机或模型进行试验，能显著降低开发成本。例如，汽车研发过程中要进行各种碰撞试验（如正面碰撞、侧面碰撞等），以检验车身的变形状况和对乘员的保护效果。如果碰撞试验结果达不到规定指标，还需要分析原因并对汽车结构进行必要的改进，直到试验符合要求为止。这种碰撞试验多者需要毁坏十几辆车。

利用数字化仿真软件，可以在计算机中开展各种仿真试验，模拟汽车碰撞的效果，在制造样机之前发现问题并做出有针对性的改进，减少碰撞试验的次数甚至取消撞车试验。世界领先汽车制造企业（如 Ford、BMW、Volvo 等）的汽车新品开发已经摒弃了传统的开发模式，极大地加快了新品的开发速度、降低了开发成本，使企业在市场竞争中保持优势。

第四，可以完成复杂产品或系统的操作培训。对复杂产品或技术系统（如飞机、核电站、铁路机车调度）而言，系统操作人员必须经过严格培训。若在真实的产品或系统上培训，不仅成本高，而且存在很大风险。采用数字化仿真技术，可以再现系统运行过程和模拟系统的各种状态，有针对性地设计各种"故障"和"险情"，使操作人员或用户接受全面、系统地训练，既降低了培训成本，也有利于改进培训效果。

根据仿真功能，仿真技术在制造系统中的功能可以分为"设计决策"和"运行决策"两种类型。

"设计决策"关注制造系统结构、参数和配置的分析、规划、设计与优化，它可以为下列问题的决策提供技术支持：①优化产品的结构、形状、尺寸和工艺参数；②在生产任务一定时，确定制造系统所需机床、设备、工具以及操作人员的类型和数量；③在配置给定的前提下，制造系统的生产能力、生产效率和生产效益；④加工设备或物料搬运系统的类型、结构和参数优化；⑤缓冲区（Buffer）及仓库容量的确定；⑥企业及车间的最佳布局；⑦生产线（装配线）的平衡分析及优化；⑧企业或车间的瓶颈工位分析与改进；⑨设备故障、统计及维修对系统性能的影响；⑩优化产品销售体系，如配送中心选址、数量与规模等，降低销售成本。

"运行决策"关注制造系统运营过程中的生产计划、调度与控制，它可以为以下问题的决策提供技术支持：①给定生产任务时，制定作业计划、安排作业班次；②制定采购计划，使采购成本最低；③优化车间生产控制及调度策略；④企业制造资源的调度，以提高资源利用率和实现效益最大化；⑤设备预防性维修周期的制定与优化。

机械产品种类繁多，系统结构组成、工作原理和性能要求不尽相同，加工方法和制造工艺各异。与此相适应，市场上有各种功能、适合于不同领域的仿真软件，如运动学仿真软件、动力学仿真软件、结构热设计仿真软件、数控加工仿真软件、生产及物流系统仿真软件、注塑模具成型仿真软件、铸造成型仿真软件、冲压成型仿真分析软件、流体传动仿真软件、生产管理仿真软件等。

数字化仿真的应用主要介于数字化设计和数字化制造两个环节之间。为实现信息共享、减少重复建模，仿真软件多支持产品数据交换的国际或行业标准，与主流数字化设计与制造软件之间保持良好的兼容性。

（二）数字化仿真的基本步骤

当采用数学模型研究制造系统的性能时，模型求解大致有两类方法，即解析法和数值法。解析法采用数学演绎推理求解模型，如采用运筹学方法优化结构尺寸、优化运输路线问题等。数值法可以模拟系统运行过程，并由模型的输出数据来评价系统性能。系统、试验与模型求解之间的关系。

系统建模和仿真的目的是分析实际系统的性能特征。

1. 问题描述与需求分析

建模与仿真的应用源于系统研发需求。因此，首先需要明确被研究系统的结构组成、工艺参数和功能等，划定系统的范围和运行环境，提炼出系统的主要特征和建模元素，以便对系统建模和仿真研究做出准确定位和判断。

2. 设定研究目标和计划

优化和决策是系统建模与仿真的目的。根据研究对象的不同，建模和仿真的目标包括系统性能、质量、强度、寿命、产量、成本、效率、资源消耗等。根据研究目标，确定拟采用的建模与仿真技术，制订建模与仿真研究计划，包括技术方案、技术路线、时间安排、成本预算、软硬件条件以及人员配置等。

3. 建立系统数学模型

为保证所建模型符合真实系统、反映问题的本质特征和运行规律，在建立模型时要准确把握系统的结构和机理，提取关键的参数和特征，并采取正确的建模方法。按照由粗到精、逐步深入的原则，不断细化和完善系统模型。需要指出的是，数学建模时不应追求模型元素与实际系统的一一对应，而应通过合理的假设来简化模型结果，关注系统的核心元素和本质特征。此外，应以满足仿真精度为目标，避免使模型过于复杂，以降低建模和求解的难度。

4. 模型的校核、验证及确认

系统建模和仿真的重要作用是为决策提供依据。为减少决策失误，降低决策风险，有必要对所建数学模型和仿真模型进行校核、验证及确认，以确保系统模型和仿真逻辑及结果的正确性和有效性。实际上，模型的校核、验证及确认工作贯穿于系统建模与仿真的全过程。

5. 数据采集

要想使仿真结果能够反映系统的真实特性，采集或拟合符合系统实际的输入数据显得尤为重要。实际上，数据采集工作在系统建模与仿真中具有十分重要的作用。这些数据是仿真模型运行的基础，也直接关系到仿真结果的可信性。

6. 数学模型与仿真模型的转换

在计算机仿真中，需要将系统的数学模型转换为计算机能够识别的数据格式。

7. 仿真试验设计

为提高系统建模与仿真的效率，在不同层面和深度上分析系统性能，有必要进行仿真试验方案的设计。

8. 仿真试验

仿真试验是运行仿真程序、开展仿真研究的过程，也就是对所建立的仿真模型进行数值试验和求解的过程。不同的仿真模型有不同的求解方法。

9. 仿真数据处理及结果分析

从仿真试验中提取有价值的信息并指导实际系统的开发，是仿真的最终目标。早期仿真软件的仿真结果多以大量数据的形式输出，需要研究人员花费大量时间整理、分析仿真数据，以得到科学结论。目前，仿真软件中广泛采用图形化技术，通过图形、图表、动画等形式显示被仿真对象的各种状态，使得仿真数据更加直观、丰富和详尽，也有利于人们对仿真结果的分析。应用领域及仿真对象不同，仿真结果的数据形式和分析方法也不尽相同。

10. 优化和决策

根据系统建模和仿真得到的数据和结论，改进和优化系统结构、参数、工艺、配置、布局及控制策略等，实现系统性能的优化，并为系统决策提供依据。

二、数字化仿真技术中的有限元法

(一) 有限元法的基本概念

有限元法（FEM）是一种基于计算机的数值仿真技术。20 世纪 60 年代，随着计算机软硬件技术的发展，有限元法开始在实际工程中应用，现已成为航空航天、机械、土木、交通等领域重要的仿真分析工具，广泛应用于复杂产品及工程结构的强度、刚度、稳定性、热传导性、流体、磁场等的分析计算和优化设计，以获得满足工程要求的数值解。

有限元法的基本思想：将形状复杂的连续体离散化为有限个单元组成的等效组合体，单元之间通过有限个节点相互连接；根据精度要求，用有限个参数来描述单元的力学或其他特性，连续体的特性就是全部单元体特性的叠加；根据单元之间的协调条件，可以建立方程组，联立求解就可以得到所求的参数特征。由于单元数目是有限的，节点数目也是有限的，因而称为有限元法。有限元法具有很大的灵活性，通过改变单元数目可以改变解的精确度，从而得到与真实情况相当接近的解。

按照基本未知量和分析方法的不同，有限元法可分为两种基本方法：位移法和力法。以应力计算为例，位移法是以节点位移为基本未知量，选择适当的位移函数，进行单元的力学特征分析，在节点处建立单元的平衡方程，即单元刚度方程，由单元刚度方程组成整体刚度方程，求解节点位移，再由节点位移求解应力；而力法是以节点力为基本未知量，在节点上建立位移连续方程，在解出节点力后，再计算节点位移和应力。一般地，位移法比较简单，而用力法求解的应力精度高于位移法。使用有限元法分析结构时，多采用位移法。

有限元法以数值理论计算代替了传统的经验类比设计，使产品设计模型及性能计算方法产生深刻变化。目前，有限元法理论仍在不断发展之中，功能不断完善，使用越来方便。

（二）有限元分析软件

1. 有限元分析软件的基本模块

20世纪60年代开始出现有限元分析软件。70年代至80年代中期，有限元理论和软件技术取得很大进展，功能、算法和软件结构不断扩充和完善。80年代中期以后，有限元分析技术基本成熟。

目前，有限元理论已经可以用于以下工程和产品的性能分析及运行行为的仿真：①静力学分析，包括对各种简单及复杂组合结构的弹性、弹塑性、塑性、蠕变、膨胀、变形、应力应变、疲劳、断裂、损伤的分析等；②动力学分析，包括对交变荷载、爆炸冲击荷载、随机地震荷载以及各种运动荷载作用下的振动模态分析、谐波响应分析、随机振动分析、屈曲与稳定性分析等；③热分析，包括传导、对流和辐射状态下的热分析，相变分析，热—结构耦合分析等；④电磁场和电流分析，包括电磁场、电流、压电行为以及电磁—结构耦合分析等；⑤流体计算，包括常规的管内和外场的层流、湍流、热/流耦合以及流/固耦合分析；⑥声场与波的传播计算，包括静态和动态声场及噪声计算，固体、流体和空气中波的传播分析等。

一般地，有限元分析软件的核心模块包括以下几个方面：

（1）前置处理模块

前置处理模块用于读入和生成模型数据。主要内容有：构造几何模型，划分有限元网格、节点及单元编号，设置载荷、材料及边界条件等，为有限元计算作准备。前置处理模块工作量大，并直接关系到仿真结果的可信性。

目前，有限元分析软件都提供自动的有限元数据前置处理，包括生成各种类型的单元及其网格，生成节点坐标、节点编号及单元拓扑数据，定义载荷、材料及边界条件，并可以对前处理模块中的数据进行自动检查和修正，以保证数据的正确性。

（2）有限元分析模块

该模块为数据处理模块，用于进行单元分析和整体分析，如求解位移、应力等。一般地，软件提供各种有限单元库、材料库及算法库，并

根据分析对象的物理、力学和数学特征，将问题分解成若干个子问题，由不同的有限元分析子系统分别完成计算，如静力学分析子系统、动力分析子系统、振动模态分析子系统、热分析子系统等。

（3）后置处理模块

后置处理模块用于对计算结果的整理、分析、编辑和输出。根据分析对象的不同，可以输出位移、温度、应力、应变、流场速度和压力等数值。

随着图形化技术的发展，后置处理模块逐步以图形、动画输出替代文字输出，如网格图、变形图、向量图、振型图、响应曲线、应力分布图等，使计算结果更加形象、直观，以帮助用户判定计算结果与设计方案的合理性。

此外，有限元软件还提供以下模块：①用户界面模块，提供交互式图形界面、菜单、对话框、数据导入与导出命令以及图标按钮等，以帮助用户进行人机对话和数据的输入、输出；②数据管理模块，提供零件模型模具、网格模型数据、单元库数据、材料数据、算

法库数据、分析结果数据以及相关标准、规范、知识库的管理等。据统计，在有限元分析软件的运行过程中，约70%的时间在进行数据交换。

有限元软件对工程和产品的仿真分析能力主要取决于单元库、材料库的丰富和完善程度。单元库所包含的单元类型越多，材料库所包括的材料特性种类越全，软件对工程或产品的分析、仿真能力就越强。一些知名的有限元分析软件单元库单元形式有一百余种，材料库也很完善，使得其对工程和产品运行行为有很强的仿真能力。

有限元分析软件的计算效率和计算精度主要取决于解法库。解法库中的求解算法越多，软件的适应面就越广，同时可以根据不同类型、不同规模的问题选择合适的算法。此外，高效的求解算法可以成倍乃至几十倍地提高计算效率。

为满足产品数字开发的需求，要求有限元分析软件具有很好的集成性，即向前与数字化设计软件有效集成，可以接收来自 Pro/Engineer、Unigraphics、CATIA、SolidWorks 等主流设计软件的模型数据，向后与 CAPP、数控编程、产品数据管理（PDM）、企业资源计划（ERP）等数字化制造及数字化管理软件集成。此外，专业化和属地化也是有限元分析软件的重要发展方向，通过增加面向行业的数据处理和优化算法模块实现针对特定行业的应用，为用户提供了更大的便利。

2. 主流有限元分析软件介绍

（1）ANSYS

ANSYS 是涵盖结构、热、流体、电磁、声学等领域的通用型有限元分析软件，广泛应用于航空航天、机械制造、石油化工、交通、电子、土木等学科。ANSYS 的主要模块包括以下几个方面：

①结构静力分析

用来求解外载荷引起的位移、应力和力。ANSYS 的静力分析不仅可以进行线性分析，还可以进行非线性分析，如塑性、蠕变、膨胀、大变形、大应变及接触分析等。

②结构动力学分析

用来求解随时间变化的载荷对结构或部件的影响，需要考虑随时间变化的力载荷以及对阻尼、惯性的影响。ANSYS 的结构动力学分析包括瞬态动力学分析、模态分析、谐波响应分析及随机振动响应分析等。

③结构非线性分析

结构非线性会导致结构或部件的响应随外载荷不成比例的变化。ANSYS 可求解静态和瞬态非线性问题，包括材料非线性、几何非线性和单元非线性。

④动力学分析

ANSYS 可以分析大型三维柔体运动。

⑤热分析。ANSYS 可以对传导、对流和辐射3种热传递类型的稳态和瞬态、线性和非线性进行分析，还可以仿真材料固化和熔解过程的相变以及对热结构的耦合进行分析。

⑥电磁场分析

主要用于电磁场（如电感、电容、磁通量密度、涡流、电场分布、磁力线分布、运动效应、电路和能量损失等）分析。

⑦流体动力学分析

包括瞬态和稳态动力学、层流与湍流分析、自由对流与强迫对流分析、可压缩流与不可压缩流分析、亚音速/跨音速/超音速流动分析、多组分流动分析、牛顿流体与非牛顿流体分析等。

⑧声场分析

用来研究流体介质中声波的传播以及分析流体介质中固体结构的动态特性等。

⑨压电分析

用来分析二维或三维结构对交流、直流或任意随时间变化的电流或机械载荷的响应。

此外，ANSYS 还可以分析金属成型过程（如滚压、挤压、锻造、挤拉、旋压、超塑成型、板壳冲压滚压、深冲深拉等），进行整车碰撞分析（如安全气囊分析、乘员响应分析）、焊接过程分析及耦合场分析等。耦合类型包括：热—应力、磁—热、磁—结构、流体流动—热、流体—结构、热—电、电—磁—热—流体—应力等。

ANSYS 软件提供 100 多种单元类型，可以仿真工程中的各种结构和材料，包括橡胶、泡沫、岩石、土壤等。它的后置处理模块提供图表、曲线、彩色等值线显示、梯度显示、矢量显示、粒子流迹显示、立体切片显示、透明及半透明显示等输出形式。

（2）MSC. NAS-TRAN

1966 年，美国国家航空航天局（NASA）为满足航空航天工业对结构分析的需求，进行大型应用有限元程序开发的招标，最终 MSC 公司中标。1969 年，NASA 推出 NASTRAN 软件。1973 年，MSC 公司成为 NAS-TRAN 软件的维护商。1971 年，MSC 公司推出自身的版本——MSC. NAS-TRAN。之后，MSC 通过多次收购、合并和重组，软件功能更加完善，逐步成为有限元分析领域的行业标准。MSC. NASTRAN 的计算结果常作为评估其他有限元分析软件精度的参照标准，主流的数字化设计与制造软件都提供与 MSC. NAS-TRAN 的直接接口。

MSC. NAS-TRAN 的主要功能模块有：基本分析模块（含静力、模态、屈曲、热应力、流固耦合及数据库管理等）、动力学分析模块、热传导模块、非线性分析模块、气动弹性分析模块等。其中，静力分析主要用来求解结构与时间无关或时间的作用效果可忽略的静力载荷作用下的响应，以计算节点位移、节点力、约束力、单元内力、单元应力和应变能等；屈曲分析主要用于研究结构在特定载荷下的稳定性以及确定结构失稳的临界载荷；流固耦合分析主要用于解决流体与结构之间的相互作用效应；动力学分析模块包括正则模态及复特征值分析、频率及瞬态响应分析、声学分析、随机响应分析、响应及冲击谱分析、动力灵敏度分析等；非线性分析用来模拟因材料、几何、边界和单元等非线性因素而导致的结构响应与所受外载荷不成比例的工程问题；气动弹性分析功能包括静态和动态气弹响应分析、颤振分析以及气弹优化等，在飞机、导弹、斜拉桥、电视发射塔、烟囱等结构设计中有广泛应用。

此外，MSC. NASTRAN 提供从概念设计中的拓扑优化到详细设计和尺寸优化的统一环境，通过灵敏度分析确定设计变量对结构响应的灵敏度，帮助设计人员获得最佳的设计参数，为产品设计提供完整的优化功能。

（3）CosmosWorks

CosmosWorks 是美国 SRAC 公司的产品，后被 Solid-Works 公司收购。

CosmosWorks 与 SolidWorks 的产品设计环境无缝集成，简单易用，有利于缩短产品设计周期，降低设计成本，提高设计质量。

CosmosWorks 的主要功能有：①静力学分析。计算应力、应变和位移结果，计算有热源的温度场和稳定温度场的热应力，包括边界条件的计算、支持装配零件之间的接触计算。②频率分析。计算固有频率、相关模型频率和应变强化效应等。③失稳分析。计算失稳模型形状和相关载荷因子。④非线性结构分析。解决静态下几何体和材料的非线性问题，包括限制载荷、过失稳、塑性以及下落试验等。⑤设计优化。包括零件和装配优化，薄壁零件优化，质量、体积、频率、失稳载荷因子等目标的优化。

此外，SolidWorks 公司还提供完全集成于 SolidWorks 的流体分析软件 Cos-mosFloWorks 和运动分析软件 CosmosMotion。其中，CosmosFloWorks 直接引用 SolidWorks 中的零件或装配体模型，具有完整的气体、液体、固体、多孔材料、扇形曲线、单位等工程数据库，可以用于汽车、机翼、排气阀等产品的流体力学分析。CosmosMotion 具有计算发动机型号、确定功率、建立运动副、设计凸轮、分析齿轮驱动、计算弹簧/垫片型号、推算接触零件的运动行为等功能，支持虚拟样机试验，在制造之前模拟产品的运动性能，以减少产品开发周期，降低设计风险。

（三）有限元法的应用案例

模具成型的产品具有高精度、高复杂性、高一致性、高生产率等优点。据统计，在通信电子、汽车、仪器仪表以及家电类产品中，60%～80%的零件要依靠模具成型，其中塑料模具占有相当大的比例。

目前，模具制造业正在发生变化，集中地表现为：①由主要依赖人的经验和技巧向依赖技术转变。传统模具开发主要依赖技术人员及钳工的经验。由于模具开发是典型的单件或极小批量生产，纯粹依靠经验往往不能准确地预测问题、及时地解决问题。数字化开发技术的广泛应用保证了模具质量和生产周期。②由串行开发模式向并行开发模式转变。以注塑模为例，传统模具开发遵循从设计、制造、试模、修模到注塑生产的串行生产方式。以仿真为核心的数字化开发技术彻底改变了这种传统的开发模式。

数字化仿真技术几乎涵盖了注塑模具开发的所有环节。利用仿真技术，可以在产品及模具结构设计阶段，及时发现设计缺陷，以保证产品结构和尺寸的优化，实现产品的可制造性设计；利用模具成型过程仿真，可以仿真成型的全部过程，预测塑件可能出现的缺陷，分析产生缺陷的原因，优化注塑工艺参数及生产条件。

下面介绍基于有限元分析的注塑成型过程的数字化仿真。注塑成型过程主要包括合模、充填、保压、冷却和开模等阶段，此外还有加料、预热、塑件脱模、清模等辅助工序。其中，充填、保压和冷却是影响注塑成型效率和塑件质量的关键环节，影响因素包括塑件结构及复杂程度、塑件厚度、塑件表面状态（如粗糙度等）、浇道口尺寸、熔融塑料的温度、模壁温度、塑料的种类及性能、注射速度及压力、保压压力及保压时间、冷却水道的位置及尺寸、冷却介质的种类、流量及进口温度等。

仿真技术可以用于注塑成型过程的充填、保压和冷却等阶段，主要作用包括以下几个方面：

第一，浇道口位置预测。根据用户输入的材料特性参数、工艺参数、模具状态参数，结合产品的几何模型数据，预测最佳的浇道口位置，使熔体尽可能地同时充满整个型腔，使塑料件变形最小，避免熔接痕和气穴的产生。

第二，流动分析。预测熔体流经浇注系统充填型腔的全部过程，帮助设计者优化产品和型腔设计，确定合理的浇道口和浇道系统，预测所需的注射压力和锁模力，发现可能出现的缺陷。

第三，冷却分析。优化注塑成型的工艺条件；改进型腔表面冷却的均匀性；减少因残余应力引起的翘曲变形，保证塑件尺寸的稳定性，改善制品质量；缩短冷却周期，提高生产率；确定合理的冷却条件及冷却系统参数；缩短冷却时间，降低生产成本。

第四，翘曲变形分析。获得翘曲变形的描述，包括线性、线性弯曲和非线性变形等，直观地显示不同位置及不同方向的翘曲量，分析产生翘曲的主要原因，以提出相应的补救措施。

第五，材料和注塑工艺分析。通过对充填过程的分析，可以为塑件材料的选择提供依据，以达到改进成型质量、降低生产成本的目的。

第六，应力分析及收缩分析。

总之，注塑成型仿真技术的目的是：优化浇注系统、冷却系统的结构和参数，解决诸如塑料件翘曲、尺寸不稳定、熔接痕等质量问题，提高塑料模具开发和塑料件生产的一次成功率，降低模具及塑料件的生产成本。与其他有限元软件相似，注塑成型仿真软件的使用也可以分为前置处理、仿真计算及后置处理3个步骤。

1. 前置处理

包括塑件三维模型导入、网格划分和修补、选择成型材料及其工艺参数、工艺参数设置等内容。

（1）塑件三维模型导入

塑件造型可以用仿真软件提供的造型工具完成，也可以先由其他三维造型软件生成实体模型，再通过文件格式转换导入注塑模具仿真系统中。通常的做法是先在数字化设计软件中完成产品造型，再以一定的格式转换到仿真软件中。

由于浇注系统和冷却系统的布局及参数设置需要专业知识，且建模过程相对简单，一般在仿真系统中直接建模。此外，注塑模具仿真软件还提供浇注系统、冷却系统、一模多腔模具设计等的向导，以帮助用户快速建立浇注系统、冷却系统及模具型腔的三维模型。

（2）网格划分和修补

注塑模具成型过程的仿真也是基于有限元原理，网格数量及网格质量对仿真结果有着重要影响。网格划分不正确或单元属性设置错误，将导致某些仿真功能不能实现或仿真结果错误。另外，网格单元的数量直接影响着仿真结果的精度。一般地，单元数量越多，仿真结果精度越高。但是，单元数量过多将导致计算时间的增加。因此，要根据模型的复杂程度及计算机配置确定合理的单元数量，既保证一定的计算精度，又将仿真计算的时间限定在可以接受的范围内。

网格划分完成后，一般要进行网格检查，找出网格划分中的错误，并利用系统提供的修补工具进行修正。以 Moldflow 为例，它提供长细比调整（Fix aspect ra-tio）、合并节点（Merge nodes）、匹配节点（Match nodes）、插入节点（Insert nodes）、移动节点（Move nodes)、补孔（Fill hole）、创建三角形单元（Create triangles）、清除节点（Purge nodes）、交换边（Swap edge）等网格修补工具。网格检查和修补是前置处理中最为复杂的环节之一。

（3）选择成型材料及其工艺参数

塑料材料的特性是注塑成型仿真中的重要参数。不同品种、不同规格和不同厂家的塑料特性各不相同，如流变性能、热性能、填料性能、力学性能、推荐模具温度范围、推荐熔体温度范围等，直接关系到注塑成型的效果和仿真分析结果的可信性。

（4）工艺参数设置

输入相关的工艺参数，其主要包括模具温度、熔体温度、冷却时间、开模时间、注塑机类型、注射机控制参数等。

2. 仿真计算

在仿真计算前，一般要选择分析类型，如注塑成型、气体辅助注塑成型、热固性材料的反应成型以及半导体封装等。其中，注塑成型类型中又包括填充、流动、冷却、翘曲等模块及其组合，可以根据具体的仿真需求进行选择。

3. 后置处理

后置处理是指对仿真结果的分析。利用图形及动画技术可以形象地描述塑料熔体充填型腔的过程，逼真地显示速度场、温度场、压力场的分布以及气穴、熔接线等缺陷的位置，使用户可以直观地判断成型参数及工艺工的设置合理与否、成型过程是否存在缺陷、产品质量是否满足设计要求。

保险杠是汽车的重要外饰件及功能件。前保险杠的尺寸大、结构较复杂，成型过程中容易产生各种缺陷（如熔接痕、流痕、浇道口痕迹、表面凹陷等），直接影响产品的外观。

三、数字化仿真技术中的虚拟样机技术

（一）虚拟样机技术概述

传统的产品开发需要经过"手工设计→手工制造→物理样机→物理样机试验"，通过构建物理样机来分析和测试系统性能。由于各环节之间是串行关系，子系统设计相互独立，未考虑子系统之间的动态交互与协同，往往到物理样机试验时才能发现问题，严重影响产品开发的质量和效率。

经济全球化使得市场竞争日益激烈。为了提高竞争力，企业必须不断缩短产品的研发周期，提高产品质量和性能，降低开发成本。20世纪80年代以后，随着计算机软硬件等技术的成熟，产品开发开始向"数字化设计→数字化样机→数字化样机测试→数字化制造→数字化产品全生命周期管理"的产品开发模式转变。

数字化样机也称为虚拟样机（VP）。美国国防部将虚拟样机定义为：建立在计算机上的原型系统或子系统模型，它在一定程度上具有与物理样机相当的功能和真实度，可以代替物理样机以便对设计方案的各种特性进行测试和评价。

虚拟样机是由多学科集合形成的综合性技术，它以运动学、动力学、材料学、流体力学、热力学、有限元分析、优化理论、数据管理、几何建模以及计算机图形学等学科知识为基础，将产品设计与分析集成，构建虚拟现实的产品数字化设计、分析和优化研究平

台，以便在制造之前准确地了解产品的性能。

虚拟样机技术是一种全新的产品设计理念。它以产品的数字化模型为基础，通过虚拟整机与虚拟环境的耦合，对产品的多种设计方案和各种动态性能进行测试、分析和改进，直到获得优化的整机性能。它强调系统性能的动态优化，也称为系统动态仿真技术。总体上，虚拟产品开发具有以下特点：

1. 数字化方式

虚拟产品开发的数字化特征表现在三个方面：①产品存在的数字化。产品在开发不同阶段，直至成品出现之前，都是以数字化方式存在，称为产品的数字化模型。②开发管理的数字化。采用数字化方式管理开发过程，开发任务的分配以数字化方式确定。③信息交流的数字化。开发的各个阶段以及同一阶段内、部门与部门之间，信息的交流采用数字化方式。

2. 贯穿产品全生命周期

虚拟产品开发从市场调研、产品规划、设计、制造、试验直至报废的全生命周期均在计算机上虚拟的环境中实现，不仅实现了产品物质形态和制造过程的模拟和可视化，而且实现了对产品的性能、行为、功能以及各个阶段的预测、评价和优化。

3. 网络协同

虚拟产品开发是网络化协同工作的结果。由于产品本身及其开发过程的复杂性，单一公司或部门难以胜任全部开发工作，往往是由相关的部门、单位共同组成开发团队进行网络化协同开发。例如，在波音 777 型飞机的开发过程中，日本三菱、川崎和富士重工株式会社承担了 20% 的结构工作。

目前，虚拟样机技术已广泛应用于航空航天、汽车、工程机械、船舶、机器人、生产线、物流系统等领域。

以航天工程为例，虚拟样机技术可用于研究：飞船的运行轨迹与姿态控制，空间飞行目标的捕捉，载人飞船与空间站的对接技术，飞船的发射、着陆和回收技术，宇航员的操作与出仓活动，飞船的故障维修和应急处理，太阳能帆板展开机构的设计等。总之，产品开发手段正在发生重大转变，计算机仿真和虚拟样机技术逐步取代传统的实物样机试验研究。

虚拟样机技术受到企业的高度重视，国外技术领先、实力雄厚的企业纷纷将虚拟样机技术引入产品开发中，以保持企业的竞争优势。波音 777 型飞机就是采用虚拟样机设计技术的典型实例。国内企业也十分重视虚拟样机技术的应用。北京吉普汽车有限公司在 BJ2022 型新车开发过程中，应用虚拟样机设计软件 AD-AMS，建立由前悬架、后悬架、转向杆系、横向稳定杆、板簧、橡胶衬套、轮胎、传动系及制动系等 64 个零件组成的虚拟样机模型，仿真研究 BJ2022 型新车在稳态转向、单移线、双移线、直线制动和转弯制动等多种工况下的动力学特性。整车特性试验表明，仿真分析与试验结果相吻合，具有很高精度，可以作为整车性能量化评价的依据，探索出数字化、虚拟化汽车整车开发的有效途径。

（二）主流虚拟样机解决方案

1. 基于 SolidWorks 软件的虚拟样机解决方案

SolidWorks 公司成立于 1993 年，1996 年推出 SolidWorks 软件。1997 年被法国 Dassault Systemes 公司收购，成为侧重于中端并兼顾高端的市场主流品牌。

SolidWorks 具有完整的三维产品设计解决方案，提供产品开发所需的设计、验证、数据管理和交流工具。在 SolidWorks 软件中，可以利用实体、特征、曲面和参数化技术完成零件设计、装配体设计并生成工程图，采用单一数据库技术，同一产品的二维数据和三维数据动态相关。也就是说，当修改零件二维尺寸时，与之相对应的零件三维模型、装配体的尺寸和拓扑结构等会自动改变，反之亦然。此外，利用 SolidWorks 中的特征管理器 FeatureWorks，可以随时修改特征元素的几何尺寸，而不必考虑各几何特征的相互关系和先后次序，极大地提高设计效率。

基于 SmartTeam 的数据库技术并通过 API 接口，可以实现 SolidWorks 与有限元分析软件 CosmosWorks、动态装配软件 IPA、高级渲染软件 PhotoWorks、运动学分析软件 CosmosMotion、数控编程软件 CAMWorks、产品数据管理软件 PDMWorks 等子系统的集成。其中，IPA 支持大型装配体及其零件的显示和操作，便于设计人员在设计阶段真实地了解产品结构，实现产品的交互设计；Cosmo - sworks 可以完成产品动力学、力学和强度分析；CosmosFloworks 可以完成流体分析；PhotoWorks 具有高级渲染功能，用户可以自定义光源、反射度、透明度以及背景等，并提供丰富的材质和纹理库；CosmosMotion 可以完成三维模型的运动分析和运动仿真；CAMWorks 可以在零件数字化模型的基础上完成刀具轨迹的定义并生成数控加工代码；PDMWorks 可以完成产品数据、开发流程和项目的管理与控制。

为帮助用户提高设计效率，SolidWorks 提供标准零件库 Toolbox 和生产效率增强软件 SolidWorks Utilities。SolidWorks 还提供 PhotoWorks 和 SolidWorks Animator，以便设计人员有效地表达和展示产品的外观及性能；利用 eDrawings、3D Instant Website 和 3D Meeting 等工具，设计团队可以在网络环境下完成信息交流和协同设计。另外，还可以利用 Matlab 软件进行机械系统与控制系统的联合仿真、利用 Mold-flow 软件完成零件模具的成型工艺分析等。

2. Dassault Systemes 公司的虚拟样机解决方案

法国达索系统（Dassault Systemes）公司成立于 1981 年，是当今全球领先的产品三维开发、全生命周期管理（PLM）软件供应商，产品线贯穿于设计、分析、制造、维护到再利用的所有开发环节，支持从单个零件设计到虚拟样机的设计全过程。

（1）SIMULIA

它提供具有工程品质和真实感的仿真解决方案，包括 CATIA Analysis 软件、有限元分析软件 Abaqus 以及仿真数据管理模块等。SIMULIA 能够对 CATIA 设计出的产品进行快速虚拟测试，评估产品的真实性能，以改善产品品质、减少实物样机试验和促进驱动产品创新。

（2）DELMIA

它提供数字化制造和生产解决方案，可以在计算机中虚拟地定义、规划、创建、检测和控制各种生产工艺，在实际制造之前完成生产系统的优化。DELMIA 功能涵盖完整的生产设施和设备，包括早期的工艺规划、装配过程仿真、焊接路径规划、机器人和制造单元编程等。它所提供的数字化制造方案有助于降低生产成本、提高制造质量和生产效率、缩短交货期。

（3）ENOVIA

它提供面向不同行业、支持不同规模系统的 PLM 解决方案，包括 VPLM、MatrixOne 和 SmarTeam 等产品线。其中，ENOVIA VPLM 可用于大中型企业，面向高度复杂的产品、资源和流程，提供三维协同虚拟产品全生命周期管理；ENOVIA MatrixOne 支持工作流程复杂、业务流程复杂的企业产品数据管理，如跨地域、多部门和复杂的供应链体系的跨国公司的 PLM 管理；ENOVIA SmarTeam 面向中小企业中的组织机构，主要关注工程部门的数据管理和工作流管理。

（4）3DVIA

它是一种三维产品体验和工业仿真系统平台。其中，3DVIA Virtools 提供全面互动的三维开发环境，具有开放式数据结构、支持多种文件格式，提供 500 多个可视化编程行为模块，可以制作复杂、精确的工业仿真对象，满足产品开发的各种需求；3DVIAComposer 是一款桌面制作系统，可以直接从三维产品数据创建产品文档，以无缝方式将设计更改集成到产品文档中，帮助企业创建、更新和发布产品文档，为产品开发方式带来了革命性变革。

第四章　机械制造的自动化技术及技术方案

第一节　机械制造的自动化技术

一、刚性自动化技术

机械制造中的刚性控制是指传统的电器控制（继电器—接触器）方式，应用这种控制方式的自动线称为刚性自动线。这里所谓的刚性，就是指该自动线加工的零件不能改变。如果产品或零件结构发生了变化导致其加工工艺发生了变化，刚性自动线就不能满足这种变化零件的加工要求了，因此它的柔性差。刚性自动线一般由刚性自动化设备、工件输送系统、切屑输送系统和控制系统等组成。

自动化加工设备是针对某种零件或一组零件的加工工艺来设计、制造的，由于采用多面、多轴、多刀同时加工，所以自动化程度和生产效率很高。加工设备按照加工顺序依次排列，主要包括组合机床和专用机床等。

控制系统对全线机床、工件输送装置、切屑输送装置进行集中控制，传统的控制方式是采用继电逻辑电气控制，目前倾向于采用可编程控制器。

二、柔性自动化技术

（一）可编程控制器

可编程控制器简称为 PC 或 PLC，可编程控制器是将逻辑运算、顺序控制、时序和计数以及算术运算等控制程序，用一串指令的形式存放到存储器中，然后根据存储的控制内容，经过模拟数字等输入输出部件，对生产设备和生产过程进行控制的装置。

PLC 既不同于普通的计算机，又不同于一般的计算机控制系统。作为一种特殊形式的计算机控制装置，它在系统结构、硬件组成、软件结构以及 I/O 通道、用户界面诸多方面都有其特殊性。为了和工业控制相适应，PLC 采用循环扫描原理来工作，也就是对整个程序进行一遍又一遍的扫描，直到停机为止。其之所以采用这样的工作方式，是因为 PLC 是由继电器控制发展而来的，而 CPU 扫描用户程序的时间远远短于继电器的动作时间，只要采用循环扫描的办法就可以解决其中的矛盾。循环扫描的工作方式是 PLC 区别于普通的计算机控制系统的一个重要方面。

虽然各种 PLC 的组成各不相同，但是在结构上是基本相同的，一般由 CPU、存储器、输入输出设备（I/O）和其他可选部件组成。其他的可选部件包括编程器、外存储器、模拟 I/O 盘、通信接口、扩展接口等。CPU 是 PLC 的核心，它用于输入各种指令，完成预定的任务，起到了大脑的作用，自整定、预测控制和模糊控制等先进的控制算法也已经在 CPU 中得到了应用；存储器包括随机存储器（RAM）和只读存储器（ROM），通常将程序以及所有的固定参数固化在 ROM 中，RAM 则为程序运行提供了存储实时数据与计算中间变量的空间；输入输出系统（I/O）是过程状态和参数输入到 PLC 的通道以及实时控制信号输出的通道，这些通道可以有模拟量输入、模拟量输出、开关量输入、开关量输出、脉冲量输入等。当前，PLC 的应用十分广泛。

1. 可编程控制器的主要功能

（1）逻辑控制

PLC 具有逻辑运算功能，它设置有"与""或""非"等。逻辑指令能够描述继电器触电的串联、并联、串并联、并串联等各种连接。因此它可以代替继电器进行逻辑与顺序逻辑控制。

（2）定时控制

PLC 具有定时控制功能。它为用户提供了若干个定时器并设置了定时指令。定时值可由用户在编程时设定，并能在运行中被读出与修改，使用灵活，操作方便。

（3）计数控制

PLC 能完成计数控制功能。它为用户提供了若干个计数器并设置了计数指令。计数值可由用户在编程时设定，并可在运行中被读出或修改，使用与操作都很灵活方便。

（4）步进控制

PLC 能完成步进控制功能。步进控制是指在完成一道工序以后，再进行下一道工序，也就是顺序控制。PLC 为用户提供了若干个移位寄存器，或者直接有步进指令，可用于步进控制，编程与使用很方便。

（5）A/D、D/A 转换

有些 PLC 还具有"模数"（A/D）转换和"数模"（D/A）转换功能，能完成对模拟量的控制与调节。

（6）数据处理

有的 PLC 还具有数据处理能力，并具有并行运算指令，能进行数据并行传送、比较和逻辑运算，BCD 码的加、减、乘、除等运算，还能进行字"与"、字"或"、字"异或"、求反、逻辑移位、算术移位、数据检索、比较、数值转换等操作，并可对数据存储器进行间接寻址，与打印机相连而打印出程序和有关数据及梯形图。同时，大部分 PLC 还具有 PID 运算、速度检测等功能指令，这些都大大丰富了 PLC 的数据处理能力。

（7）通信与联网

有些 PLC 采用了通讯技术，可以进行远程 I/O 控制，多台 PLC 之间可以进行同位链接，还可以与计算机进行上位链接，接受计算机的命令，并将执行结果告诉计算机。由一台计算机和若干台 PLC 可以组成"集中管理、分散控制"的分布式控制网络，以完成较大规模的复杂控制。

（8）对控制系统监控

PLC 配置有较强的监控功能，它能记忆某些异常情况，或当发生异常情况时自动终止运行。在控制系统中，操作人员通过监控命令可以监视机器的运行状态，可以调整定时或计数等设定值，因而调试、使用和维护方便。

可以预料，随着科学技术的不断发展，PLC 的功能还会不断拓宽和增强。如可用于开关逻辑控制、定时和计数控制、闭环控制、机械加工数字控制、机器人控制和多级网络控制等。

2. 可编程控制器的主要优点

（1）编程简单

PLC 的设计者在设计 PLC 时已充分考虑到使用者的习惯和技术水平及用户的方便，构成一个实际的 PLC 控制系统一般不需要很多配套的外围设备；PLC 的基本指令不多；常用于编程的梯形图与传统的继电接触控制线路图有许多相似之处；编程器的使用简便；对程序进行增减、修改和运行监视很方便。因此对编制程序的步骤和方法，容易理解和掌握，只要具有一定电气知识基础，都可以在较短的时间内学会。

（2）可靠性高

PLC 是专门为工业控制而设计的，在设计与制造过程中均采用了诸如屏蔽、滤波、隔离、无触点、精选元器件等多层次有效的抗干扰措施，可靠性很高，平均故障时间间隔为 2 万~5 万小时。此外，PLC 还具有很强的自诊断功能，可以迅速方便地检查判断出故障，缩短检修时间。

（3）通用性好

PLC 品种多，档次也多，可利用各种组件灵活组合成不同的控制系统，以满足不同的控制要求。同一台 PLC，只要改变软件便可实现控制不同的对象或应用到不同的工控场合。可见，PLC 通用性好。

（4）功能强

PLC 具有很强的功能，能进行逻辑、定时、计数和步进等控制，能完成 A/D 与 D/A 转换、数据处理和通信联网等功能。而且 PLC 技术发展很快，功能会不断增强，应用领域会更广。

（5）使用方便

PLC 体积小，重量轻，便于安装。PLC 编程简单，编程器使用简便。PLC 自诊断能力强，能判断和显示出自身故障，使操作人员检查判断故障方便迅速，而且接线少，维修时只需更换插入式模块，维护方便。修改程序和监视运行状态也容易。

（二）计算机数控

计算机数控系统（CNC），是采用通用计算机元件与结构，并配备必要的输入/输出部件构成的。采用控制软件来实现加工程序存储、译码、插补运算，辅助动作，逻辑联锁以及其他复杂功能。

CNC 系统是由程序、输入输出设备、计算机数字控制装置、可编程控制器、主轴控制单元及进给轴控制单元等部分组成。根据它的结构和控制方式的不同，产生了多种分类方法，下面将对几种常见的分类进行简单介绍。

1. 按数控系统的软硬件构成特征分类

按数控系统的软硬件构成特征，可分为硬件数控与软件数控。

数控系统的核心是数字控制装置，传统的数控系统是由各种逻辑元件、记忆元件等组成的逻辑电路，是采用固定接线的硬件结构，数控功能是由硬件来实现的，这类数控系统被称为硬件数控（硬线数控）。

随着半导体技术、计算机技术的发展，微处理器和微型计算机功能增强，数字控制装置已发展成为计算机数字控制装置，即所谓的 CNC 装置，它可由软件来实现部分或全部数控功能。CNC 系统中，可编程控制器（PC）也是一种数字运算电子系统，是以微处理器为基础的通用型自动控制装置，专为在工业环境下应用而设计。它采用可编程序的存储器，在其内部存储执行逻辑运算、顺序控制、定时、计数和算术运算等特定功能的用户操作指令，并通过数字式、模拟式的输入和输出，控制各种类型的机械或生产过程。PC 已成为数控机床不可缺少的控制装置。CNC 和 PC 协调配合共同完成数控机床的控制，其中CNC 主要完成与数字运算和管理有关的功能，如零件程序的编辑、插补、运算、译码、位置伺服控制等。PC 主要完成与逻辑运算有关的一些动作，没有轨迹上的具体要求，它接受 CNC 的控制代码 M（辅助功能）、S（主轴转速）、T（选刀、换刀）等顺序动作信息，对其进行译码，转换成对应的控制，控制辅助装置完成机床相应的开关动作、如工件的装夹、刀具的更换、切削液的开关等一些辅助动作，它还接受机床操作面板的指令，一方面直接控制机床的动作，另一方面将一部分指令送往 CNC 用于加工过程的控制。

2. 按用途分类

可把数控系统分为金属切削类数控系统、金属成形类数控系统和数控特种加工系统等三类。

3. 按运动方式分类

可分为点位控制系统、点位直线控制系统和轮廓控制系统三类。轮廓控制系统又称连续轨迹控制，该系统能同时对两个或两个以上的坐标轴进行连续控制，加工时不仅要控制起点与终点，而且要控制整个加工过程中的走刀路线和速度。它可以使刀具和工件按平面直线、曲线或空间曲面轮廓进行相对运动，加工出任何形状的复杂零件。它可以同时控制2~5 个坐标轴联动，功能较为齐全。在加工中，需要不断进行插补运算，然后进行相应的速度与位移控制。数控铣床、数控凸轮磨床、功能完善的数控车床、较先进的数控火焰切割机、数控线切割机及数控绘图机等，都是典型的轮廓控制系统。它们取代了各种类型的仿形加工，提高了加工精度和生产效率，因而得到广泛应用。

三、物流自动化技术

（一）自动线的传送装置

物流自动化中的传送装置有多种传送形式，对应的就有多种形式的输送机，下面对几种常见的输送机作简单的介绍。

1. 板式输送机

板式输送机是用连接于牵引链上的各种结构和形式的平板或鳞板等承载构件来承托和输送物料。它的载重量大，输送重量可达数十吨以上，尤其适用于大重量物料的输送。输送距离长，长度可达 120 米以上，运行平稳可靠，适用于单件重量较大产品的装配生产线。设备结构牢固可靠，可在较恶劣环境下使用。而且链板上可设置各种附件或工装夹具。输送线路布置灵活，可水平、爬坡、转弯输送，上坡输送时输送倾角可达 45°，广泛应用于家电装配、汽车制造、工程机械等行业。

2. 链板输送机

链板输送机的输送面平坦光滑，摩擦力小，物料在输送线之间的过渡平稳。设备布局灵活，可以在一条输送线上完成水平、倾斜和转弯输送。设备结构简单，维护方便。而且链板有不锈钢和工程塑料等材质，规格品种繁多，可根据输送物料和工艺要求选用，能满足各行各业不同的需求。它还可以直接用水冲洗或直接浸泡在水中，设备清洁方便，能满足食品、饮料等行业对卫生的要求。可输送各类玻璃瓶、PET 瓶、易拉罐等物料，也可输送各类箱包。

（二）有轨小车

一般概念的有轨小车（RGV）是指小车在铁轨上行走，由车辆上的马达牵引。

此外，还有一种链索牵引小车，在小车的底盘前后各装一导向销，地面上修好一组固定路线的沟槽，导向销嵌入沟槽内，保证小车行进时沿着沟槽移动。前面的销杆除定向用外还作为链索牵动小车行进的推杆，推杆是活动的，可在套筒中上下滑动。链索每隔一定距离，有一个推头，小车前面的推杆，可自由地插入或脱开。推头由埋设在沟槽内适当位置的接近开关和限位开关控制，销杆脱开链索的推头，小车停止前进。这种小车只能向一个方向运动，所以适合简单的环形运输方式。

空架导轨和悬挂式机器人，也属于一种演变出的有轨小车，悬挂式的机器人可以由电动机拖动在导轨上行走，像厂房中的吊车一样工作，工件以及安装工件的托盘可以由机器人的支持架托起，并可上下移动和旋转。由于机器人可自由地在 XY 两个方向移动，并可将吊在机器人下臂上面的支持架上下移动和旋转，它就可以将工件连同托盘转移到轨道允许到达任意地方的托盘架上。

归纳起来，有轨小车主要有以下优点：有轨小车的加速过程和移动速度都比较快适合搬运重型零件；因轨道固定行走平稳，停车时定位较准确；控制系统相对无轨小车来说要简单许多，因而制造成本较低，便于推广应用。因控制技术相对成熟，可靠性比无轨小车好。但缺点是一旦将轨道铺设好，就不便改动，而且转弯的角度不能太小，导轨一般宜采用直线布置。

（三）自动导向车

自动导向小车（AGV）系统是目前自动化物流系统中具有较大优势和潜力的搬运设备，是高技术密集型产品。它主要由运输小车、地板设备及系统控制器等三部分组成。

自动导向车与有轨穿梭小车的根本区别主要在于有轨穿梭小车是将轨道直接铺在地面上成架设在空中的有轨小车，而自动导向车主要是指将导向轨道———一般为通有交变电流的电缆埋设在地面之下，由自动导向车自动识别轨道的位置，并按照中央计算机的指令在相应的轨道上运行的无轨小车。自动导向车可以自动识别轨道分岔，因此自动导向车比有轨穿梭小车柔性更好。

自动导向车在自动化制造中得到广泛的应用，它的主要特点体现在以下几个方面。

1. 较高的柔性

只要改变一下导向程序就可以很容易地改变、修正和扩充自动导向车的移动路线。而对于输送机和有轨小车，却必须改变固定的传送带或有轨小车的轨道，相比之下，改造的工作量要大得多。

2. 实时监视和控制

由于控制计算机能实时地对自动导向车进行监视，所以可以很方便地重新安排小车路线。此外，还可以及时向计算机报告装载工件时所产生的失败、零件错放等事故。如果采用的是无线电控制，则可以实现自动导向车和计算机之间的双向通讯，不管小车在何处或处于何种状态、计算机都可以用调整频率法通过它的发送器向任一特定的小车发出命令，且只有相应的那一台小车才能读到这个命令，并根据命令完成由某一地点到另一地点的移动、停止、装料、卸料、再充电等等一系列的动作。另一方面，小车也能向计算机发回信号，报告小车状态、小车故障、蓄电池状态等等。

3. 安全可靠

自动导向车能以低速运行，一般在 10~70 米/分范围内。而且自动导向车由微处理器控制，能同本区的控制器通讯，可以防止相互之间的碰撞。有的自动导向车上面还安装了定位精度传感器或定中心装置，可保证定位精度达到 30 毫米，精确定位的自动导向车其定位精度可以达到 3 毫米，从而避免了在装卸站或运输过程中小车与小车之间发生碰撞以及工件卡死的现象。自动导向车也可安装报警信号灯、扬声器、紧停按钮、防火安全联锁装置，以保证运输的安全。

4. 维护方便

不仅对小车蓄电池的再充电很方便，而且对电动机车上控制器通讯装置安全报警（如报警、扬声器、保险杠传感器等）的常规检测，也很方便。大多数自动导向车都安装了蓄电池状况自动报告设施，它与中央计算机联机，当蓄电池的储备能量降到需要充电的规定值时，自动导向车便自动去充电站，一般自动导向车可工作 8 小时无需充电。

四、CAD/CAPP/CAM 一体化技术

（一）CAD 技术

CAD 是计算机辅助设计的英文缩写，是近 30 年迅速发展起来的一门计算机学科与工程学科为一体的综合性学科。它的定义也是不断发展的，可以从两个角度给予定义。

1. CAD 是一个过程

工程技术人员以计算机为工具，运用各自的专业知识，完成产品设计的创造、分析和修改，以达到预期的设计目标。

2. CAD 是一项产品建模技术

CAD 技术把产品的物理模型转化为产品的数据模型，并将之存储在计算机内供后续的计算机辅助技术所共享，驱动产品生命周期的全过程。

CAD 的功能一般可归纳为四类：几何建模、工程分析、动态模拟、自动绘图。一个完整的 CAD 系统，有科学计算、图形系统和工程数据库等组成。

（二）CAPP 技术

CAPP 是计算机辅助工艺设计的简称，是利用计算机技术，在工艺人员较少的参与下，完成过去完全由人工进行的工艺规程设计工作的一项技术，是将企业产品设计数据转换为产品制造数据的一种技术。从 20 世纪 60 年代末诞生以来，其研究开发工作一直在国内外

蓬勃发展，而且逐渐引起越来越多的人们的重视。

当前，科学技术飞速发展，产品更新换代频繁，多品种、小批量的生产模式已占主导地位，传统的工艺设计方法已不能适应机械制造业的发展需要。其主要表现在于：采用人工设计方式，设计任务繁琐、重复工作量大、工作效率低。设计周期长，难以满足产品开发周期越来越短的需求。受工艺人员的经验和技术水平限制，工艺设计质量难以保证。设计手段落后，难以实现工艺设计的继承性、规范性、标准化和最优化。而 CAPP 可以显著缩短工艺设计周期，保证工艺设计质量，提高产品的市场竞争能力。其主要优点在于：CAPP 使工艺设计人员摆脱大量、繁琐的重复劳动，将主要精力转向新产品、新工艺、新装备和新技术的研究与开发。CAPP 可以提高产品工艺的继承性，最大限度地利用现有资源，降低生产成本。CAPP 可以使没有丰富经验的工艺师设计出高质量的工艺规程，以缓解当前机械制造业工艺设计任务繁重，但缺少有经验工艺设计人员的矛盾。随着计算机技术的发展，计算机辅助工艺设计（CAPP）受到了工艺设计领域的高度重视。CAPP 不但有助于推动企业开展的工艺设计标准化和最优化工作，而且是企业逐步推行 CIMS 应用工程的重要基础之一。

CAPP 系统按其工作原理可以分为以下五大类：交互式 CAPP 系统、派生式 CAPP 系统、创成式 CAPP 系统、综合式 CAPP 系统和 CAPP 专家系统。

1. 交互式 CAPP 系统

采用人机对话的方式基于标准工步、典型工序进行工艺设计，工艺规程的设计质量对人的依赖性很大。

2. 变异型 CAPP 系统，亦称派生式 CAPP 系统

它是利用成组技术将工艺设计对象按其相似性（例如，零件按其几何形状及工艺过程相似性；部件按其结构功能和装配工艺相似性等）分类成组（族），为每一组（族）对象设计典型工艺，并建立典型工艺库。当为具体对象设计工艺时，CAPP 系统按零件（部件或产品）信息和分类编码检索相应的典型工艺，并根据具体对象的结构和工艺要求，修改典型工艺，直至满足实际生产的需要。

3. 创成型 CAPP 系统

根据工艺决策逻辑与算法进行工艺过程进行设计，它是从无到有自动生成具体对象的工艺规程。创成式 CAPP 系统工艺决策时不需人工干预，由计算机程序自动完成，因此易于保证工艺规程的一致性。但是，由于工艺决策随制造环境的变化而变化，因此，对于结构复杂、多样的零件，实现创成式 CAPP 系统非常困难。

4. 综合式 CAPP 系统

将派生式、创成式和交互式 CAPP 的优点集为一体的系统。目前，国内很多 CAPP 系统采用这类模式。

5. CAPP 专家系统

一种基于人工智能技术的 CAPP 系统，也称智能型 CAPP 系统。专家系统和创成式 CAPP 系统都以自动方式生成工艺规程，其中创成式 CAPP 系统是以逻辑算法加决策表为特征的，而专家系统则以知识库加推理机为特征的。

（三）CAM 技术

CAM 是计算机辅助制造的简称。是一项利用计算机帮助人们完成有关产品制造工作

的技术。计算机辅助 CAM 有狭义的和广义的两个概念。

CAM 的狭义概念指从产品设计到加工制造之间的一切生产准备活动。包括 CAPP、NC 编程、工时定额的计算、生产计划的制订、资源需求计划的制订等。CAM 的狭义概念甚至更进一步缩小为 NC 编程的同义词。CAM 的广义概念不仅包括上述 CAM 狭义定义所包含的所有内容，还包括制造活动中与物流有关的所有过程，即加工、装配、检验、存储、输送的监视、控制和管理。

按计算机与制造系统是否与硬件接口联系，CAM 可以分为直接应用和间接应用两大类。

1. CAM 的直接应用

计算机通过接口直接与制造系统连接，用以监视、控制、协调制造过程。主要包括以下几个方面。

（1）物流运行控制

根据生产作业计划的生产进度信息控制物料的流动。

（2）生产控制

随时收集和记录物流过程的数据，当发现工况（如完工的数量、时间等）偏离作业计划时，即予以协调与控制。

（3）质量控制

通过现场检测随时记录质量数据，当发现偏离或即将偏离预定质量指标时，向工序作业发出命令，予以校正。

2. CAM 的间接应用

计算机不直接与制造系统连接，离线工作，用计算机支持车间的制造活动，提供制造过程和生产作业所需的数据和信息，使生产资源的管理更有效。

主要包括：计算机辅助工艺规程设计、计算机辅助 NC 程序编制、计算机辅助工装设计、计算机辅助作业计划。

（四）CAD/CAM 技术

CAD/CAM 系统由硬件系统和软件系统两部分组成。其中软件系统主要包括以下几个方面。

其一，系统软件。用于实现计算机系统的管理、控制、调度、监视和服务等功能，是应用软件的开发环境，有操作系统、程序设计语言处理系统、服务性程序等。系统软件的目的就是与计算机硬件直接联系，提供用户方便，扩充用户计算机功能，合理调度计算机硬件资源、提高计算机的使用效率。

其二，管理软件。负责 CAD/CAM 系统中生成的各类数据的组织和管理，通常采用数据库管理系统进行管理，是 CAD/CAM 软件系统的核心。

其三，支撑软件。它是 CAD/CAM 的基础软件，它包括工程绘图、三维实体造型、曲面造型、有限元分析、数控编程、系统运行学与动力学模拟分析等方面的软件，它是以系统软件为基础，用于开发 CAD/CAM 应用软件所必需的通用软件。目前市场上出售的大部分软件是支撑软件。

其四，应用软件。它是用户为解决某种应用问题而编制的一些程序，为各个领域专用。一般由用户或用户与研究机构在系统软件与支撑软件的基础上联合开发。

五、工业机器人及其应用技术

（一）工业机器人概述

工业机器人是机器人家族中的重要一员，也是目前在技术上发展最成熟、应用最多的一类机器人。虽然世界各国对工业机器人的定义不尽相同，但其内涵基本一致。国际标准化组织（ISO）对工业机器人给出了具体的定义：机器人具备自动控制及可再编程、多用途功能，机器人操作机具有三个或以上的可编程轴，在工业自动化应用中，机器人的底座可固定也可移动。

工业机器人一般由两大部分组成：一部分是机器人执行机构，也称作机器人操作机，它完成机器人的操作和作业；另一部分是机器人控制器，它主要完成信息的获取、处理、作业编程、规划、控制以及整个机器人系统的管理等功能。机器人控制器是机器人中最核心的部分，机器人性能的优劣主要取决于控制系统的品质。当然，机器人要想进行作业，除去机器人以外，还需要相应的作业机构及配套的周边设备，这些与机器人一起形成了一个完整的工业机器人作业系统。下图为工业机器人的系统结构。

迄今为止，典型的工业机器人仅实现了人类胳膊和手的某些功能，所以机器人操作机也称作机器人手臂或机械手，一般简称为机器人。但是，随着科技的进步，很多机器人外观上已远远脱离了最初仿人型机器人和工业机器人所具有的形状，更加符合各种不同应用领域的特殊要求，其功能和智能程度也大大增强，从而为机器人技术开辟出更加广阔的发展空间。

（二）工业机器人的应用

机器人由于其作业的高度柔性和可靠性、操作的简便性等特点，满足了工业自动化高速发展的需求，被广泛应用于汽车制造、工程机械、机车车辆、电子和电器、计算机和信息以及生物制药等领域。我国从应用环境出发，将机器人分为两大类，即工业机器人和特种机器人。所谓工业机器人就是面向工业领域的多关节机械手或多自由度机器人。而特种机器人则是除工业机器人之外的、用于非制造业并服务于人类的各种先进机器人，包括：服务机器人、水下机器人、娱乐机器人、军用机器人、农业机器人、机器人化机器等。在特种机器人中，有些分支发展很快，有独立成体系的趋势，如服务机器人、水下机器人、微操作机器人等。下面将对它们分别进行简单介绍。

1. 典型的工业机器人

典型的工业机器人主要有弧焊机器人、点焊机器人、装配机器人和涂装机器人，它们是工业中最常用的机器人类型。

（1）弧焊机器人

弧焊机器人的应用范围很广，除汽车行业之外，在通用机械、金属结构等许多行业中都有应用。弧焊机器人应是包括各种焊接附属装置在内的焊接系统，而不只是一台以规划的速度和姿态携带焊枪移动的单机。一个典型的弧焊机器人系统，它主要包括三大部分：机器人操作机、机器人控制器和焊接系统。

（2）点焊机器人

汽车工业是点焊机器人一个典型的应用领域。一般装配每台汽车车体需要完成 3 000~4 000 个焊点，而其中的 60% 是由机器人完成的。在有些大批量汽车生产线上，服役的机器人台数甚至高达 150 台。引入机器人会取得下述效益：改善多品种混流生产的柔性；提高焊接质量；提高生产率；把工人从恶劣的作业环境中解放出来。今天，机器人已经成为汽车生产行业的支柱装备。现在点焊机器人正在向汽车行业之外的电机、建筑机械等行业逐步普及。

2. 特种机器人

（1）水下机器人

21 世纪是海洋世纪，海洋占整个地球总表面的 71%，无论从政治、经济还是从军事角度看，人类都要进一步扩大开发和利用具有丰富资源的海洋。水下机器人作为一种高技术手段，在海洋开发和利用中扮演重要角色，其重要性不亚于宇宙火箭在探索宇宙空间的作用。

（2）服务机器人

所谓服务机器人是一种以自主或半自主方式运行，能为人类健康提供服务的机器人，或者是能对设备运行进行维护的一类机器人。根据这个定义，装备在非制造业的工业机器人也可以看作是服务机器人。服务机器人往往是可以移动的，在多数情况下，服务机器人有一个移动平台。

典型的服务机器人有医疗机器人、个人服务机器人、工程机器人和极限作业机器人等。

（3）空间机器人

空间机器人是指在大气层内、外从事各种作业的机器人，包括在内层空间飞行并进行观测、可完成多种作业的飞行机器人，到外层空间其他星球上进行探测作业的星球探测机器人和在各种航天器里使用的机器人。

第二节　自动化制造系统技术方案

自动化制造系统技术方案的制定是在综合考虑被加工零件种类、批量、年生产纲领和零件工艺特点的基础上，结合工厂实际条件，包括工厂技术条件、资金情况、人员构成、任务周期、设备状况等约束条件，建立生产管理系统方案。

一、自动化制造系统技术方案的内容

自动化制造系统技术方案包括如下几方面内容。

（1）根据加工对象的工艺分析，确定加工工艺方案。

（2）根据年生产纲领，核算生产能力，确定加工设备品种、规格及数量配置。

（3）按工艺要求、加工设备及控制系统性能特点，对国内外市场可供选择的工件输送装置的市场情况和性能价格状况进行分析，最后确定出工件输送及管理系统方案。

（4）按工艺要求、加工设备及刀具更换的要求，对国内外市场可供选择的刀具更换装置的类型作综合分析，最后确定出刀具输送更换及管理系统方案。

（5）按自动化制造系统目标、工艺方案的要求，确定必要的清洗、测量、切削液的回收、切屑处理及其他特殊处理设备的配置。

（6）根据自动化制造系统目标和系统功能需求，结合计算机市场可供选择的机型及其性能价格状况，以及本企业已有资源及基础条件等因素，综合分析确定系统控制结构及配置方案。

（7）根据自动化制造系统的规模、企业生产管理基础水平及发展目标，综合分析确定出数据管理系统方案。如果企业准备进一步推广应用 CIMS 技术，则统筹规划配置商用数据库管理系统是合理的，也是必要的。

（8）根据控制系统的结构形式、自动化制造系统的规模及企业技术发展目标，综合分析确定通信网络方案。

二、自动化加工工艺方案涉及的主要问题

（一）自动化加工工艺的基本内容与特点

1. 自动化加工工艺方案的基本内容

随着机械加工自动化程度的发展，自动化加工的工艺范围也在不断扩大。自动化加工工艺的基本内容包括大部分切削加工，如车削、钻削、滚压加工等；还有部分非切削加工也能实现自动化加工，如自动检测、自动装配等工艺内容。

2. 自动化加工工艺方案的特点

（1）自动化加工中的毛坯精度比普通加工要求高，并且在结构工艺性上要考虑适应自动化加工需要。

（2）自动化加工的生产率比采用万能机床的普通加工一般要高几倍至几十倍。

（3）自动化加工中的工件加工精度稳定，受人为影响因素小。

（4）自动化加工系统中切削用量的选择，以及刀具尺寸控制系统的使用，是以保证加工精度、满足一定的刀具耐用度、提高劳动生产率为目的的。

（5）在多品种小批量的自动化加工中，在工艺方案上考虑以成组技术为基础，充分发挥数控机床等柔性加工设备在适应加工品种改变方面的优势。

（二）实现加工自动化的要求

加工过程自动化的设计和实施应满足以下要求。

1. 提高劳动生产率

提高劳动生产率是评价加工过程自动化是否优于常规生产的基本标准，而最大生产率是建立在产品的制造单件时间最少和劳动量最小的基础上。

2. 稳定和提高产品质量

产品质量的好坏，是评价产品本身和自动加工系统是否有使用价值的重要标准。产品质量的稳定和提高是建立在自动加工、自动检验、自动调节、自动适应控制和自动装配水平的基础上的。

3. 降低产品成本和提高经济效益

产品成本的降低，不仅能减轻用户的负担，而且能提高产品的市场竞争力，而经济效益的增加才能使工厂获得更多的利润、积累资金和扩大再生产。

4. 改善劳动条件和实现文明生产

采用自动化加工必须符合减轻工人劳动强度、改善职工劳动条件、实现文明生产和安全生产的标准。

5. 适应多品种生产的可变性及提高工艺适应性程度

随着生产技术的发展，以及人们对设备的使用性能和品种的要求的提高，产品更新换代加快，因此自动化加工设备应具有足够的可变性和产品更新后的适应性。

（三）成组技术在自动化加工中的应用

成组技术（GT）就是将企业生产的多种产品、部件和零件按照特定的相似性准则（分类系统）分类归类，并在分类的基础上组织产品生产的各个环节，从而实现产品设计、制造工艺和生产管理的合理化。成组技术是通过对零件之间客观存在的相似性进行标识，按相似性准则将零件分类归簇来达到上述目的。零件的工艺相似性包括装夹、工艺过程和测量方式的相似性。

在上述条件下，零件加工就可以采用该组零件的典型工艺过程，成组可调工艺装备（刀具、夹具和量具）来进行，不必设计单独零件的工艺过程和专用工艺装备，从而显著减少了生产准备时间和准备费用，也减少了重新调整的时间。

采用成组技术不仅可使工件按流水作业方式生产，且工位间的材料运输和等待时间以及费用都可以减少，并简化了计划调度工作，在流水生产条件下，显然易于实现自动化，从而提高了生产率，降低了成本。

必须指出的是，在成组加工条件下，形状、尺寸及工艺路线相似的零件，合在一组在同一批中制造；有时会出现某些零件早于或迟于计划日期完成，从而使零件库存费用增加的情况，但这个缺点在制成全部成品时就可能排除。

1. 成组技术在产品设计中的应用

通过成组技术可以将设计信息重复使用，不仅能显著缩短设计周期和减少设计工作量，同时还为制造信息的重复使用创造了条件。

成组技术在产品设计中的应用，不仅是零件图的重复使用，其更深远的意义是为产品设计标准化明确了方向，提供了方法和手段，并可获得巨大的经济效益。以成组技术为基础的标准化是促进产品零部件通用化、系列化、规格化和模块化的杠杆，其目的如下。

（1）产品零件的简化，即用较少的零件满足多样化的需求。

（2）零件设计信息的多次重复使用。

（3）零件设计为零件制造的标准化和简化创造了前提。

根据不同情况，可以将零件标准化分成零件主要尺寸的标准化、零件中功能要素配置的标准化、零件基本形状标准化、零件功能要素标准化乃至整个零件是标准件等不同的等级，按实际需要加以利用，进一步在设计标准化的基础上实现工艺标准化。

2. 成组技术在车间设备布置中的应用

中小批生产中采用的传统"机群式"设备布置形式，由于物料运送路线的混乱状态，增加了管理的困难，如果按零件组（族）组织成组生产，并建立成组单元，机床就可以布置为"成组单元"形式。这样，物料流动直接从一台机床到另一台机床，不需要返回，既方便管理，又可将物料搬运工作简化，并将运送工作量降至最低。

3. 成组调整和成组夹具

回转体零件实现成组工艺的基本原则是调整的统一。如在多工位机床上加工时（如转塔车床、自动车床），调整的统一是夹具和刀具附件的统一，即采用相同条件下用同一套刀具及附件加工一组或几个组的零件。由于回转体零件所使用的夹具形式和结构差别不大，较易做到统一。因此，用同一套刀具及其附件是实现回转体零件成组工艺的基本要求。由于数控车削中心的进步及完善，在数控车削中心上很容易实现回转体零件的成组工艺。

非回转体零件实现成组工艺的基本原则之一是零件必须采用统一的夹具，即成组夹具。成组夹具是可调整夹具，即夹具的结构可分为基本部分（夹具体、传动装置等）和可调整部分（如定位元件、夹紧元件）。基本部分对某一零件组或同类数个零件组都适用不变。

当加工零件组中的某个零件时，只需要调整或更换夹具上的可调整部分，即调整和更换少数几个定位或夹紧元件，就可以加工同一组中的任何零件。

现有夹具系统中，通用可调整夹具、专业化可调整夹具、组合夹具等均可作为成组夹具使用。采用哪一种夹具结构，主要根据批量的大小、加工精度的高低、产品的生命周期等因素决定。

通常，零件组批量大、加工精度要求高时都采用专用化可调整夹具，零件组批量小时可采用通用可调整夹具和组合夹具，如产品生命周期短则适合用组合夹具。

综上所述，基于成组技术的制造模式与计算机控制技术相结合，为多品种、小批量的自动化制造开辟了广阔的前景。因此，成组技术被称为现代制造系统的基础。

在自动化制造系统中采用成组技术的作用和效益主要体现在以下几个方面。

（1）利用零件之间的相似性进行归类，从而扩大了生产批量，可以以少品种、大批量生产的生产率和经济效益实现多品种、中小批量的自动化生产。

（2）在产品设计领域，提高了产品的继承性和标准化、系列化、通用化程度，大大减少了不必要的多样化和重复性劳动，缩短了产品的设计研制周期。

（3）在工艺准备领域，由于成组可调工艺装备（包括刀具、夹具和量具）的应用，大大减少了专用工艺装备的数量，相应地也减少了生产准备时间和费用。减少了由于工件类型改变而引起的重新调整时间，不仅降低了生产成本，也缩短生产周期。

三、自动化加工工艺方案的制订

工艺方案是确定自动化加工系统的工艺内容、加工方法、加工质量及生产率的基本文件，是进行自动化设备结构设计的重要依据。工艺方案的正确与否，关系到自动化加工系统的成败。所以，对于工艺方案的确定必须给予足够的重视，要密切联系实际，力求做到工艺方案可靠、合理、先进。

（一）工件毛坯

旋转体工件毛坯，多为棒料、锻件和少量铸件。箱体、杂类工件毛坯，多为铸件和少量锻件，目前箱体类工件更多地采用钢板焊接件。

供自动化加工设备加工的工件毛坯应采用先进的制造工艺，如金属模型、精密铸造和精密锻造等，以提高工件毛坯的精度。

工件毛坯尺寸和表面形状允差要小，以保证加工余量均匀。工件硬度变化范围要小，以保证刀具寿命稳定，有利于刀具管理。这些因素都会影响工件的加工工序和输送方式，毛坯余量过大和硬度不均会导致刀具耐用度下降，甚至损坏，硬度的变化范围过大还会影响精加工质量（尺寸精度、表面粗糙度）的稳定。

为了适合自动化加工设备加工工艺的特点，在编制方案时，可对工件和毛坯做某些工艺和结构上的局部修改。有时为了实现直接输送，在箱体、杂类工件上要做出某些工艺凸台、工艺销孔、工艺平面或工艺凹槽等。

（二）工件定位基面的选择

工件定位基准应遵循一般的工艺原则，旋转体工件一般以中心孔、内孔或外圆以及端面或台肩面作为定位基准，直接输送的箱体工件一般以"两销一面"作为定位基准。此外，还需注意以下原则。

（1）应当选用精基准定位，以减少在各工位上的定位误差。

（2）尽量选用设计基准作为定位面，以减少由于两种基准的不重合而产生的定位误差。

（3）所选的定位基准，应使工件在自动化设备中输送时转位次数最少，以减少设备数量。

（4）尽可能地采用统一的定位基面，以减少安装误差，有利于实现夹具结构的通用化。

（5）所选的定位基面应使夹具的定位夹紧机构简单。

（6）对箱体、杂类工件，所选定位基准应使工件露出尽可能多的加工面，以便实现多面加工，确保加工面间的相对位置精度，且减少机床台数。

（三）直接输送时工件输送基面

1. 旋转体工件输送基面

旋转体工件输送方式通常为直接输送。

（1）小型旋转体工件，可借其重力，在输送料道中进行滚动和滑动输送。滚动输送一般以外圆作为支承面，两端面为限位面，为防止输送过程中工件偏歪，要注意工件限位面与料槽之间保持合理的间隙。以防工件在料槽中倾斜、卡死。此外，两端支承处直径尺寸应接近一致，并使工件重心在两支承点的对称线处，轴类工件纵向滑动输送时以外圆作为输送基面。

（2）若难于利用重力输送或为提高输送可靠性，可采用强迫输送。轴类工件以两端轴颈作为支承，用链条式输送装置输送，或以外圆作为支承从一端面推动工件沿料道输送。盘、环类工件以端面作为支承，用链板式输送装置输送。

2. 箱体工件输送基面

箱体工件加工自动线的工件输送方式有直接输送和间接输送两种。直接输送工件不需随行夹具及其返回装置，并且在不同工位容易更换定位基准，在确定设备输送方式时，应优先考虑采用直接输送。

箱体类工件输送基面,一般以底面为输送面,两侧面为限位面,前后面为推拉面。当采用步进式输送装置输送工件时,输送面和两侧限位面在输送方向上应有足够的长度,以防止输送时工件偏斜。畸形工件采用抬起步进式输送装置输送时,工件重心应落在支承点包围的平面内。当机床夹具对工件输送位置有严格要求时,工件的推拉面与工件的定位基准之间应有精度要求。畸形工件采用抬起步伐式输送装置或托盘输送时,应尽可能使输送限位面与工件定位基准一致。

(四)工艺流程的编制

编制工艺流程是确定自动化设备工艺方案工作中最重要的一步,直接关系到加工系统的经济效果及其工作的可靠性。

编制工艺流程,主要解决以下两个问题。

1. 确定工件在加工系统中加工所需的工序

(1)正确地选择各加工表面的工艺方法及其工步数。

(2)合理地确定工序间的余量。

2. 安排加工顺序

在安排加工顺序时,应依据以下原则。

(1)先面后孔

先加工定位基面,后加工一般工序,先加工平面,后加工孔。

(2)粗精加工分开,先粗后精

对于同一加工表面,粗、精加工工位应拉开一段距离,以避免切削热、机床振动、残余应力以及夹紧应力对精加工的影响。重要加工表面的粗加工工序应放在前面进行,以利于及时发现和剔除废品。

(3)工序的适当集中及合理分散

这是编制工艺方案时的重要原则之一。工序集中可以提高生产率,减少加工系统的机床(工位)数量,简化加工系统的结构,从而带来设备投资、操作人员和占地面积的节约。工序集中,可以将有相互位置精度要求的加工表面,如阶梯孔、同心阶梯孔,以及平行、垂直或成一定角度的平面等,在同一台机床(工位)上加工出来,以保证几个加工面的相互位置精度。

工序集中的方法一般采用成形刀具、复合式组合刀具、多刀、多轴、多面和多工件同时加工。工序集中应以能保证工件的加工精度,加工时不超出机床性能(刚度、功率等)允许范围为前提。集中程度以不使机床的结构和控制系统过于复杂和刀具更换与调整过于困难,造成系统故障增多,维修困难,停车时间加长,从而使设备利用率降低为限度。

合理的工序分散不仅能简化机床和刀具的结构,使加工系统便于调整、维护和操作,有时也便于平衡限制工序加工的节拍时间,提高设备的利用率。

(4)工序适当单一化

镗大孔、钻小孔、攻螺纹等工序,尽可能不要安排在同一主轴箱上,以免传动系统过于复杂以及刀具调整、更换不便。攻螺纹工序最好安排在单独的机床上进行,必要时也可以安排为单独的攻螺纹工段,这样可以使机床结构简化,有利于切削液及切屑的处理。

（5）注意安排必要的辅助工序

合理安排必要的检查、倒屑、清洗等辅助性工序，对于提高加工系统的工作可靠性、防止出现成批废品有重要意义。如在钻孔和攻螺纹后对孔深进行探测。

（6）多品种加工

为提高加工系统的经济效果，对于批量不大而工艺外形、结构特点和加工部位类似的工件，可采取多品种加工工艺，如采用可调式自动线或"成组"加工自动线来适应多品种工件的加工。

（五）工序节拍的平衡

当采用自动线进行自动化加工时，其所需的工序及其加工顺序确定了以后，还可能出现各种工序的生产节拍不相符的情况。应尽量做到各个工位工作循环时间近似。平衡自动线各工序的节拍，可使各台设备最大限度地发挥生产效能，提高单台设备的负荷率。

根据加工工件的年产纲领，自动线的生产节拍为：

$$T_{jie} = \frac{60dt}{P(1 + \rho_1 + \rho_2)}\eta \tag{4-1}$$

式中：T_{jie}——自动线生产节拍（min/件）；

d——全年有效工作日（天）；

t——每天有效工作时间（h）；

P——年生产纲领（件）；

ρ_1——备品率；

ρ_2——废品率；

η——自动线符合率（也称利用率），一般为60%、80%，刚性连接的、复杂的或规模大的自动线取值低，柔性连接的、简单的或较短的自动线取高值。

平衡各设备或工位的生产节拍，一般按以下顺序进行；首先根据编制的工艺流程，计算每一工序的实际需要工作循环时间，如下式。

$$t_x = t_j + t_f \tag{4-2}$$

式中：t_x——每一个工序实际需要的工作循环时间（min）；

t_j——机加工工件时间（min）；

t_f——与t_f不重合的辅助时间（min）。

将计算结果与计算的自动线生产节拍相比，确定需平衡的工序，若t_x与T_{jie}相差不多，可通过调整负荷率，适当提高切削用量（但要保证刀具具有一定的耐用度），改用高效率的加工方法及压缩t_f来平衡。若相差过大可采用如下措施来解决。

（1）用工序分散的方法，将限制性工序分为几个工步，增加顺序加工机床数或工位数。

（2）在限制性工序增加同时加工的工件数量，将机动时间长的工序组成一个单独工段，成组多件输送，而其余各段仍是单件输送。

（3）在限制性工序增加工序相同的加工机床或工位数，来同时进行限制性工序的加工，这几台机床在自动线上可串联或并联。

（4）当工件批量较小，T_{jie}远大于t_x时，平衡节拍时要考虑减少机床和其他工艺装备的数量。对于工件结构对称或具有两个以上相同结构要素的工件可以采取两次（或多次）通过自动线的方式，完成全部加工工序，以达到平衡节拍的目的。

（5）可以采取把几个 t_x 都较小的工序合并到一个工位（机床）上进行加工的方法，如采用移动工作台、可换箱式机床、三坐标加工单元等，来达到平衡节拍的目的。

四、自动化加工设备的选择与布局

（一）自动化加工设备的选择

自动化加工设备的选择首先应根据产品批量的大小以及产品变型品种数量的大小确定加工系统的结构形式。

对于中小批量生产的产品，可选用加工单元形式或可换多轴箱形式；对于大批量生产，可以选用自动生产线形式。在编制加工工艺流程之后，可根据加工任务（如工件图样要求及对生产能力的要求）来确定自动机床的类型、尺寸、数量。

对于大批量生产的产品，可根据加工要求，为每个工序设计专用机床或组合机床。

对于多品种中小批量生产，可根据加工零件的尺寸范围、工艺性、加工精度及材料等要求，选择适当的专用机床、数控机床或加工中心；根据生产要求（如加工时间及工具要求，批量和生产率的要求）来确定设备的自动化程度，如自动换刀、自动换工件及数控设备的自动化程度；根据生产周期（如加工顺序及传送路线），选择物料流自动化系统形式（运输系统及自动仓库系统等）。

（二）自动化加工设备的布局

自动化加工设备的布局形式是指组成自动化加工系统的机床、辅助装置以及连接这些设备的工件传送系统中，各种装置的平面和空间布置形式。它

是由工件加工工艺、车间的自然条件、工件的输送方式和生产纲领所决定的。

1. 自动线的布局形式

（1）旋转体加工自动线的布局形式

①贯穿式

工件传送系统设置在机床之间，特点是上下料及传送装置结构简单，装卸料工件输注时间短，布局紧凑，占地面积小，但影响工人通过，料道短，贮料有限。

②架空式

工件传送系统设置在机床的上空，输送机械手悬挂在机床上空的架上。机床布局呈横向或纵向排列，工件传送系统完成机床间的工件传送及上下料。这种布局结构简单，适于生产节拍较长且各工序工作循环时间较均衡的轴类零件。

③侧置式

工件传送系统设置在机床外侧，机床呈纵向排列，传送装置设在机床的前方，安装在地上。为了便于调整操作机床，可将输送装置截断。输送料道还同时具有贮料作用。这种布局的自动线有串联和并联两种方式。

（2）组合机床自动线的布局形式

①直线通过式和折线通过式

步伐式输送带按一定节拍将工件依次送到各台机床上加工，工件每次输送一个步距。

工人在自动化生产线起端上料，末端卸料。

对于工位数多、规模大的自动线，直线布置受到车间长度限制，因而布置成折线式。

②框型

框型是折线式的封闭形式框式布局更适用于输送随行夹具及尺寸较大和较重的工件自动化生产线，且可以节省随行夹具的返回装置。

③环型

环型自动化生产线工件的输送轨道是圆环形，多为中央带立柱的环型线。它不需要高精度的回转工作台，工件输送精度只需满足工件的初定位要求。环型自动线可以直接输送工件，也可借助随行夹具。对于直接输送工件的环型线，装卸料可集中在一个工位。对于随行夹具输送工件的环型线，不需要随行夹具返回装置。

④非通过式

非通过式布局的自动化生产线，工件输送不通过夹具，而是从夹具的一个方向送进和拉出，使每个工位可能增加一个加工面，也可增设镗模支架。非通过式自动化生产线适于由单机改装联成的自动化生产线，或工件不宜直接输送而必须吊装，以及工件各个加工表面需在一个工位加工的自动化生产线。

2. 柔性制造系统的布局

柔性制造系统的总体布局可以概括为以下几种布置原则。

（1）随机布置原则

这种布局方法是将若干机床随机地排列在一个长方形的车间内。它的缺点是很明显的，只要多于三台机床，运输路线就会非常复杂。

（2）功能原则（或叫工艺原则）

这种布局方法是根据加工设备的功能，分门别类地将同类设备组织到一起，如车削设备、镗铣设备、磨削设备等。这样，工件的流动方向是从车间的一头流向另一头。这种布局方法的零件运输路线也比较复杂，因为工作的加工路线并不一定总是按车、铣、磨这样的顺序流动。

（3）模块式布置原则

这种布局方式的车间是由若干功能类似的独立模块组成，这种布局方式看来好像增加了生产能力的冗余度，但在应酬紧急任务和意外事件方面有明显的优点。

（4）加工单元布置原则

采用这种布局方式的车间，每一个加工单元都能完成相应的一类产品。这种构思的产生是建立在成组技术思想基础上的。

（5）根据加工阶段划分原则

将车间分为准备加工阶段、机械加工阶段和特种加工阶段。

五、自动化加工切削用量的选择

（一）切削用量对生产率和加工精度的影响

1. 切削用量对生产率的影响

在连续生产的机床上加工一个工件的单件循环时间为如下所示。

$$T = t_j + t_f + t_w \qquad (4-3)$$

式中：T——机床上加工一个工件的时间（min）；

　　　t_j——机加工工件时间（min）；

　　　t_f——辅助时间，包括空行程、上下料、检验和清洗机床上的切屑等（min）；

　　　t_w——加工循环外的时间消耗，即机床停顿分摊到每个零件上的时间，包括换刀、修理机床、调整个别机构、重新装料等时间（min）。

机床的生产率 Q 为下式：

$$Q = \frac{1}{T} = \frac{1}{t_j + t_f + t_w} \qquad (4-4)$$

机加工时间 t_f 与切削用量有直接关系。若采用提高切削速度的办法来减少机加工时间，以提高生产率，在开始时，生产率会上升，但切削速度提高后，刀具耐用度会下降。如下为切削速度与刀具耐用度的经验关系式

$$T_n = \frac{A}{v^m} \qquad (4-5)$$

式中：T_n——刀具耐用度（min）；

　　　v——切削速度（m/min）；

　　　A——常数；

　　　m——刀具的切削指数。

可以看出，切削速度提高时，会使刀具耐用度急剧降低，从而造成频繁地换刀而使机床的利用率降低。由刀具引起的停机时间是换刀次数与每次换刀所需的更换刀具和调整刀具的时间的乘积。换刀次数频繁，每次换刀时间越长，则停机时间越长。到某一程度时，生产率便下降。

2. 切削用量对加工精度的影响

切削用量对残留面积和积屑瘤的产生有较大的影响，从而影响加工表面的粗糙度。

（1）残留面积

以车削为例，当刀具副偏角 $\varphi_1 > 0°$ 时，工件上被切削的表层金属并未全部被切下，而是小部分残留在工件的已加工表面上，形成"刀花"，使加工表面的平面度精度下降。

（2）积屑瘤

切削用量中，以切削速度 v 对积屑瘤的影响最大，进给量 f 次之。试验表明，切削中碳钢，当 $v = 5 \sim 80 \ \text{m/min}$ 时，都可能产生积屑瘤，其中以 $v = 10 \sim 30 \ \text{m/min}$ 时产生的积屑瘤最高。而用 $v = 1 \sim 2 \ \text{m/min}$ 以下的低速或用 $80 \sim 100 \ \text{m/min}$ 以上的高速来切削时，则很少产生积屑瘤，此时加工表面粗糙度较低。当进给量 f 较小时，积屑瘤高度 H 较小；当进给量 f 增大时，积屑瘤高度 H 也增大，表面粗糙度下降。

精加工钢材料时，为了获得较低的表面粗糙度，应选择较小的进给量，同时切削速度应在较高或较低的范围内选择，以避免产生积屑瘤。例如在精镗时，选择较高的切削速度以避开积屑瘤，同时选用较小的进给量，以减少残留面积。而精铰时，则选择较低的切削速度以避开积屑瘤，降低表面粗糙度，虽然铰孔一般采用较大的进给量，以提高生产率（铰孔采用大进给量还是为了避免刀齿在孔壁上过多地摩擦，以减轻刀具磨损），但在刀具

结构上采取了措施以避免增大 f 对表面粗糙度的不利影响；铰刀的刀齿较多，主偏角较小，所以每齿进给量 f_z 及切削厚度较小，可以减少积屑瘤，降低表面粗糙度。此外，铰刀上做有副偏角 $k_r' = 0°$ 的修光刃，也可以减小残留面积。

（二）切利用量选择的一般原则

1. 切削用量的选择要尽可能合理利用所有刀具，充分发挥其性能

当机床中多种刀具同时工作时，加钻头、铰刀、镗刀等，其切削用量各有特点，而动力头的每分钟进给是一样的。要使各种刀具能有较合理的切削用量，一般采用拼凑法解决，即按各类刀具选择较合理的转速及每转进给量，然后进行适当调整，使各种刀具的每分钟进给量一致。这种方法是利用中间切削用量，各类刀具都不是按照最合理的切削用量来工作的。如果确有必要，也可按各类刀具选用不同的每分钟进给量，通过采用附加机构，使其按各自需要的合理进给量工作。

2. 复合刀具切削用量选择的特点

每转进给量按复合刀具最小直径选择，以使小直径刀具有足够的强度；切削速度按复合刀具最大半径选择，以使大半径刀具有一定的耐用度。如钻铰复合刀具，进给量按钻头选择，切削速度按铰刀选择；扩铰复合刀具的进给量按扩孔钻选择，切削速度按铰刀选择。而且进给量应按复合刀具小直径选用允许值的上限，切削速度则按复合刀具大直径选用允许值的上限。值得注意的是，由于整体复合刀具常常强度较低，所以切削用量应选得稍低一些。

3. 同一主轴上带有对刀运动的镗孔主轴转速的选择

在确定镗孔切削速度时，除考虑要求的加工表面粗糙度、加工精度、镗刀耐用度等问题外，当各镗孔主轴均需要对刀时（即在镗杆送进或退出时，镗刀头需处于规定位置），各镗孔主轴转速一定要相等或者成整数倍。

4. 在选择切削用量时，应注意工件生产批量的影响

在生产率要求不高时，应选择较低的切削用量，以免增加刀具损耗。在大批量生产中，组合机床要求有较高的生产率，也只是提高那些"限制性"工序刀具的切削用量，对于非限制性工序刀具仍应选用较低的切削用量。

在提高限制性刀具切削用量时，还必须注意不能影响加工精度，也不能使限制性刀具的耐用度过低。

5. 在限制切削用量时，还必须考虑通用部件的性能

如所选的每分钟进给量一般要高于动力滑台允许的最小进给量，这在采用液压驱动的动力滑台时更加重要，所选的每分钟进给量一般应较动力滑台允许的最小值大50%。

总之，必须从实际出发，根据加工精度、加工材料、工作条件和技术要求进行分析，考虑加工的经济性，合理选择切削用量。

第五章　物料供输自动化

第一节　物料供输自动化概述

一、概述

在制造业中，从原材料到产品出厂，机床作业时间仅占5%，工件处于等待和传输状态的时间则占95%。其中，物料传输与存储费用占整个产品加工费用的30%~40%，因此，物流系统的优化能够大大提高运转速率、降低生产成本、减轻库存积货以及提高综合经济效应。

（一）半柔性制造系统

半柔性制造系统的任务主要有三个：其一是完成一个轴类零件的机械加工；其二是把零件按照机械加工工艺过程的要求，定时、定点地输送到相关的制造装备上；其三是完成轴与轴承的装配。

1. 带式输送子系统

按照工艺过程的顺序完成工件各工位的准确传输，由胶带输送机、减速器、电动机和光电传感器等组成，胶带的运行速度可在2~5 m/min之间进行调整。

2. 回转传输子系统

按照制造过程的要求，实现工件在不同传送带上的转换。它由传送带、升降机构、回转气缸和光电传感器等组成，可使工件向前、向左、向右有选择性地传送。

3. 控制及调度

子系统按照制造工艺过程和作业时间的要求，实现工件准时在不同工位之间传送的控制。

（二）物流系统及其功用

物流是物料的流动过程：物流按其物料性质不同，可分为工件流、工具流和配套流三种。其中工件流由原材料、半成品、成品构成；工具流由刀具、夹具构成；配套流由托盘、辅助材料、备件等构成。

在自动化制造系统中，物流系统是指工件流、工具流和配套流的移动与存储，它主要完成物料的存储、输送、装卸、管理等功能。

1. 存储功能在制造系统中，有许多物料处于等待状态，即不处在加工和使用状态，这些物料需要存储和缓存。

2. 输送功能

完成物料在各工作地点之间的传输，满足制造工艺过程和处理顺序的需求。

3. 装卸功能

实现加工设备及辅助设备上、下料的自动化，以提高劳动生产率。

4. 管理功能

物料在输送过程中是不断变化的，因此需要对物料进行有效的识别和管理。

（三）物流系统的组成及分类

（1）单机自动供料装置完成单机自动上、下料任务，由储料器、隔料器、上料器、输料槽、定位装置等组成。

（2）自动线输送系统完成自动线上的物料输送任务，由各种连续输送机、通用悬挂小车、有轨导向小车及随行夹具返回装置等组成。

（3）FMS 物流系统完成 FMS 物料的传输，由自动导向小车、积放式悬挂小车、积放式有轨导向小车、搬运机器人、自动化仓库等组成。

二、单机自动供料装置

（一）概述

加工设备或辅助设备的供料可采用两种不同的方式，一种是人工供料方式，另一种是自动供料设备。人工供料工作强度大、操作时间长，随着制造业自动化水平的不断提高，这种供料方式将逐渐被自动供料装置替代。自动供料装置一般由储料器、输料槽、定向定位装置和上料器组成，储料器可储存一定数量的工件，根据加工设备的需求自动输出工件，经输料槽和定向定位装置传送到指定位置，再由上料器将工件送入机床加工位置。储料器一般设计成料仓式或料斗式。料仓式储料器需人工将工件按一定方向摆放在仓内，料斗式储料器只需将工件倒入料斗，由料斗自动完成定向。料仓或料斗一般储存小型工件；对于较大的工件，可采用机械手或机器人来完成供料过程。

对供料装置的基本要求如下：

（1）供料时间尽可能少，以缩短辅助时间和提高生产率。

（2）供料装置结构尽可能简单，以保证供料稳定可靠。

（3）供料时避免大的冲击，防止供料装置损伤工件。

（4）供料装置要有一定的适用范围，以适应不同类型、不同尺寸工件的要求。

（5）能够满足一些工件的特殊要求。

（二）料仓、料斗及输料槽

1. 料仓的结构形式及拱形消除机构

由于工件的重量和形状尺寸变化较大，因此料仓的结构设计没有固定模式。一般将料仓分成自重式和外力作用式两种结构。

拱形消除机构一般采用仓壁振动器。仓壁振动器使仓壁产生局部、高频微振动，可破坏工件间的摩擦力和工件与仓壁间的摩擦力，从而保证工件连续地由料仓中排出。仓壁振动器的振动频率一般为 1 000~3 000 次/min。当料仓中物料搭拱处的仓壁振幅达到 0.3 mm 时，即可达到破拱效果。在料仓中安装搅拌器也可消除拱形堵塞。

2. 料斗

料斗上料装置带有定向机构，工件在料斗中可自动完成定向。但并不是所有工件在送出料斗之前都能完成定向，这种没有完成定向的工件将在料斗出口处被分离，并返回料斗重新定向，或由二次定向机构再次定向。因此料斗的供料率会发生变化，为了保证正常生产，应使料斗的平均供料率大于机床的生产率。

（1）平均供料率（件/min）：

工件滚动时

$$Q = \frac{nLK}{d} \qquad (5-1)$$

工件滑动时

$$Q = \frac{nLK}{l} \qquad (5-2)$$

式中：n——为推板往复次数（r/min），一般 $n = 10 \sim 60$；

L——为推板工作部分长度（mm），$L = （7 \sim 10）d$（或 l）；

d、l、K——为工件直径、工件长度、上料系数。

（2）推板工作部分的水平倾角 α 工件滚动时，$\alpha = 7° \sim 15°$；工件滑动时，$\alpha = 20° \sim 30°$。

（3）推板行程长度 H（mm）对于 $l/d < 8$ 的轴类工件，$H = （3 \sim 4）l$；对于 $l/d = 8 \sim 12$ 的轴类工件，$H = （2 \sim 2.25）l$；对于盘类工件，$H = （5 \sim 8）l$，其中 h 为工件厚度。

（4）料斗的宽度 B（mm）推板位于料斗一侧时，$B = （3 \sim 4）l$；推板位于料斗中间时，$B = （12 \sim 15）l$。

3. 输料槽

根据工件的输送方式（靠自重或强制输送）和工件的形状，输料槽有许多种结构形式。一般靠工件自重输送的自流式输料槽结构简单，但可靠性较差；半自流式或强制运动式输料槽的可靠性高。

有些外形复杂的工件不可能在料斗内一次定向完成，因此需要在料斗外的输料槽中实行二次定向。

4. 供料与隔料机构

供料与隔料机构功能是定时地把工件逐个输送到机床加工位置，为了简化机构，一般将供料与隔料机构设计成一体。此外，还有一种利用电磁振动使物料向前输送和定向的电磁振动料槽，它具有结构简单、供料速度快、适用范围广等特点。直槽形振动料槽在电磁铁激振下作往复振动，向前输送物料。这种直槽形振动料槽通过调节电流或电压大小来改变输送速度，需要与各种形式的料斗配合使用。

第二节　自动线输送系统

自动化的物料输送系统是物流系统的重要组成部分。在制造系统中，自动线的输送系统起着人与工位、工位与工位、加工与存储、加工与装配之间的衔接作用，同时具备物料的暂存和缓冲功能。运用自动化输送系统如带式、滚筒式、链式、步伐式、悬挂输送系统和有轨导向小车及自动导向小车等设备，可以加快物料流动速度，使各工序之间的衔接更加紧密，从而提高生产效率。

一、带式输送机

带式输送机是应用最广泛的输送机械，它是由一条封闭的输送带和承载构件连续输送物料的机械。其特点是工作平稳可靠，易实现自动化，可应用于工厂、仓库、车站、码头、矿山等场合。

基本工作原理：无端输送带绕过驱动滚筒和张紧滚筒，借助输送带与滚筒之间的摩擦力来带动输送带运动，利用输送带与滚筒之间的摩擦力来带动输送带运动，物料经装载装置被运送到输送带，输送带将物料运输至卸载处，最后通过卸载装置将物料卸载至储备间。

现在大型企业只要使用带式输送机，其特点是输送距离长、生产效率高、结构简单、费用低、操作灵活可控、运行平稳、易于操作、使用安全、容易实现自动控制等。

普通的带式输送机在结构上分为输送带、支撑装置、驱动装置、张紧装置、制动装置及改向装置等。

（一）输送带

输送带的作用是传递牵引力和承载物料，要求强度高、耐磨性好、挠性强、伸长率小。输送带按材质可分为橡胶带、塑料带、钢带、金属网带等，其中最常用是橡胶带；按用途分主要有强力型、普通型、轻型、井巷型、耐热型 5 种；此外还有花纹型、耐油型等。输送带两端可使用机械接头、冷粘接头和硫化接头连接。机械接头强度仅为带体强度的 35%~40%，应用日渐减少。冷粘接头强度可达带体强度的 70% 左右，应用日趋增多。硫化接头强度能达带体强度的 85%~90%，接头寿命最长，输送带的宽度比成件物料宽度大 50~100 mm。

（二）支撑装置

支撑装置的作用是支撑输送带及带上的物料，减少输送带的下垂，使其能够稳定运行。

（三）驱动装置

驱动装置的功用是驱动输送带运动。驱动装置主要包括动力部分、传动部分（减速器和联轴器）和滚筒部分。普通带式输送机的驱动装置通过摩擦传递牵引力，动力部分多数采用电动机。对于通用固定式和功率较小的带式输送机，多采用单滚筒驱动，即电动机通过减速器和联轴器带动一个驱动滚筒运转。驱动滚筒通过与带接触表面产生的摩擦力带动输送带运行。传动装置多采用皮带、链条或齿轮传动，还可采用电动滚筒传动。

为有效传递牵引力，输送带与驱动滚筒间必须有足够的摩擦力。驱动滚筒分光面和胶面两种，其中光面滚筒摩擦系数较小。在功率不大、环境湿度较小的情况下，宜采用光面滚筒；当环境潮湿、功率较大、容易打滑时，宜采用胶面滚筒。

（四）张紧装置

张紧装置的作用一是保证带有必要的张力，与滚筒有必要的摩擦力，避免打滑；二是限制带在各种支撑滚柱间的垂度，使其在允许的范围内。张紧装置的主要结构形式有小车重锤式、螺旋式和垂直重锤式三种。

（五）制动装置

在倾斜式的带式输送机中，为防止其停车时因物料重力作用而发生反向运动，需在驱动装置中设置制动装置。通常制动装置可分为滚柱逆制器、带式逆制器、电磁瓦块式和液压式电磁制动器。

（六）改向装置

此装置是用来改变输送方向的装置。在末端改向可采用改向滚筒；在中间改向可采用几个支撑滚柱或改向滚筒。

二、链式输送机

链式输送机由链条、链轮、电动机、减速器、联轴器等组成。长距离输送的链式输送机还有张紧装置和链条支撑导轨。链条由驱动链轮牵引，链条下面有导轨，支撑着链节上的套筒辊子。货物直接压在链条上，随着链条的运动而向前移动。

输送链条多采用套筒滚子链。输送链与传动链相比，链条较长，质量大。一般将输送链的节距制成为普通传动链的 2 倍或 3 倍以上，这样可减少铰链个数，减小链条质量，提高输送性能。链轮齿数对输送链性能影响较大，齿数太少会使链条运行平稳性变差，而且冲击、振动、噪声、磨损加大。根据链条速度不同，最小链轮齿数可取 13~21 齿。链轮齿数过多会导致机构庞大，一般最多采用 120 齿。

链式输送系统中，物料一般通过链条上的附件（特殊链条）带动前进。附件可用链条上的零件扩展而成，同时还可以配置二级附件（如托架、料斗、运载机构等），用链条和托板组成的链板输送机也是一种广泛使用的连续输送机械。

三、悬挂输送系统

悬挂输送系统适用于车间内成件物料的空中输送。悬挂输送系统节省空间，且更容易实现整个工艺流程的自动化。悬挂输送系统分为通用悬挂输送系统和积放式悬挂输送系统两种。悬挂输送机由牵引件、滑架小车、吊具、轨道、张紧装置、驱动装置、转向装置和安全装置等组成。

积放式悬挂输送系统与通用悬挂输送系统相比有下列区别：牵引件与滑架小车无固定连接，两者有各自的运行轨道；有岔道装置，滑架小车可以在有分支的输送线路上运行；设置停止器，滑架小车可在输送线路上的任意位置停车。

下面针对悬挂输送机的牵引件、滑架小车和转向装置作简单介绍。

（一）牵引件

牵引件根据单点承载能力来选择，单点承载能力在 100 kg 以上时采用可拆链，单点承载能力在 100 kg 及以下时采用双铰接链。

（二）滑架小车

装有物料的吊具挂在滑架小车上，牵引链牵动滑架小车沿轨道运行，将物料输送到指定的工作位置。滑架小车有许用承载重量，当物料重量超过这个值时，可设置两个或更多的滑架小车来悬挂物料。

（三）转向装置

通用悬挂输送机的转向装置由水平弯轨和支承牵引链的光轮、链轮或滚子排组成。转向装置结构形式的选用应视实际工况而定，一般最直接的方法是在转弯处设置链轮。当输送张力小于链条许用张力的 60% 时，可用光轮代替链轮；当转弯半径超过 1 m 时，应考虑采用滚子排作为转向装置。

第三节　柔性物流系统

柔性物料储运系统由数控加工设备、物料储运装置和计算机控制系统等组成的自动化制造系统。它包括多个柔性制造单元，能根据制造任务或生产环境的变化迅速进行调整，适用于多品种、中小批量生产。

一、柔性物料储运形式

柔性物料输送系统是为 FMS 服务的，它决定着 FMS 的布局和运行方式。由于大部分的 FMS 工作站点多，输送线路长，输送的物料种类不同，物流系统的整体布局比较复杂。一般可以采用基本回路来组成 FMS 的输送系统。

（一）直线型储运形式

直线型储运比较简单，在我国现有的 FMS 中较为常见。它适用于按照规定的顺序从一个工作站到下一个工作站的工件输送，输送设备做直线运动，在输送线两侧布置加工设备和装卸站。直线型输送形式的线内储存量小，常需配合中央仓库及缓冲站。

（二）环型储运形式

环型储运形式的加工设备、辅助设备等布置在封闭的环形输送线的内外侧。输送线上可采用各类连续输送机、输送小车、悬挂式输送机等设备。在环形输送线上，还可增加若干条支线，作为储存或改变输送线路用。故其线内储存量较大，可不设置中央仓库。环型储运形式便于实现随机存取，具有非常好的灵活性，所以应用范围较广。

（三）网络型储运形式

网络型储运形式的输送设备通常采用自动导向小车。自动导向小车的导向线路埋设在地下，输送线路具有很大的柔性，故加工设备敞开性好，物料输送灵活，在中、小批量的产品或新产品试制阶段的 FMS 中应用越来越广。网络型储运形式的线内储存量小，一般需设置中央仓库和托盘自动交换器。

（四）以机器人为中心的储运形式

它是以搬运机器人为中心，加工设备布置在机器人搬运范围内的圆周上。一般机器人配置了夹持回转类零件的夹持器，因此它适用于加工各类回转类零件的 FMS 中。

二、自动导向小车（AGV）系统

零件在系统内部的搬运所采用的运输工具，目前比较实用的主要有三种：传送带、搬运机器人和运输小车。传送带是从传统的机械式自动线发展而来的，在目前新设计的系统中应用越来越少。由于搬运机器人工作的灵活性强、具有视觉和触觉能力，以及工作精度高等一系列优点，近年来在 FMS 中的应用日趋增多。运输小车的结构变化发展得很快，形式多样，大体上可分为无轨和有轨两大类。有轨小车（RGV）有的采用地轨，像火车的轨道一样；有的采用高架轨道，即把运输小车吊在两条高架轨道上移动。无轨小车因其导向方法的不同而分为有线导向、磁性导向、激光导向和无线电遥控等多种形式。FMS 系统发展的初期，多采用有轨小车，随着 FMS 控制技术的成熟，越来越多地采用自动导向的无轨小车（AGV）。

（一）AGV 的构成

FMS 中采用 AGV 系统能使系统布局设计具有最大的灵活性。AGV 系统由 AGV 和地面制导与管理系统两部分组成。AGV 也称无人小车，AGV 的主要组成部分包括车体、行走驱动机构、物料交换装置、安全防护装置、蓄电池、导向机构、控制系统。选用 AGV 时应考虑其最大载重量、最高行走速度、准停精度、制导方式等四项性能指标。

AGV 有平台车、叉车、牵引车三种基本类型，由于平台车结构紧凑、运行灵活，平台上能安装物料交换装置，因此其应用最广泛。

（二）AGV 的制导

AGV 地面制导与管理系统包括：制导/定位系统，交通管理系统，调度操作设备，通信设备，辅助设备。

制导是 AGV 系统的核心技术。制导方式分固定线路、半固定线路和无固定线路三大类，各类中又有多种制导方法。最常用的有以下几种方法：

1. 电磁制导

沿 AGV 的运行路线，把电缆埋在离地表面几厘米深的沟中，当通以 3～10 kHz 电流时，安装在 AGV 上的耦合线圈就能检测出小车对路线的偏移，从而控制 AGV 的运行方向。这种方法具有电缆不易被损坏、工作可靠的优点，但铺设电缆工程量大，改变或扩充线路困难，线路附近不允许有磁性物质。实用化的 AGV 大多采用电磁制导。

2. 激光制导

沿着小车行走路线用激光束对 AGV 扫描，AGV 的激光检测器接收到激光后将其转变成制导信号，控制 AGV 的运行方向。在二维空间中布置激光器，控制其扫描就能引导 AGV 沿任意弯曲路线行走；在某一点定向发射激光，通过光传感器就能引导 AGV 沿固定的直线路径运行。激光制导对地面没有特殊要求，因此，如果受地面条件限制不能采用电磁制导或光反射制导，则可以采用激光制导。

3. 标记跟踪制导

在 AGV 运行的线路上贴些导向标记（或反射板、彩球等），通过安装在 AGV 上的电视摄像机识别这些标记、判定行进方向。

（三）AGV 的控制和保护

AGV 在 FMS 中自动运行时，其作业过程由作业点呼叫、中央控制室调度、AGV 行驶、物料交换等步骤构成。AGV 控制是指 AGV 行驶控制和物料交换器控制。AGV 控制系统由检测单元、控制单元、驱动单元组成。对简单的 FMS，可以把 AGV 的运行程序预先存储到车载控制装置的微型计算机中，让 AGV 按照该程序自动运行。对比较复杂的 FMS，为了提高 AGV 的运行效率，应让中央控制室与 AGV 进行信息交换。控制调度系统可采用无线电通信方式，借助地面通信控制装置和车载通信控制装置，实现中央控制室和 AGV 的通信控制。

AGV 与某设备交换物料，必须准确地停靠到其作业地点。使 AGV 准停的方法有：在 AGV 停靠地点用定位销限位，可以使整台小车或只是车上的托盘准停；在 AGV 停靠地点布置导轨或在 AGV 上装导向杆，在准停地点安装引导装置而实现准停；采用里程表、编码器、接近开关、光电传感器等。在 AGV 上安装接触传感器或超声波安全保护装置，可保护 AGV 在行驶线路上不受异物损害。

三、自动仓库

自动仓库又称立体仓库。FMS 中采用自动仓库不仅能有效地存取和保管毛坯、成品、工夹具、自制件、外购配件，还能控制调节物料流动，准确统计库存物料的种类、规格、数量，实时地向各作业点提供急需物料，为上层管理系统提供物流信息，实现订货、生产计划、物料控制的集成。

（一）自动仓库的种类及其结构

自动仓库由货架和存取货物的设备组成，每排货架按列和层分成若干大小相等的货格，物料放在托盘上（或货箱中）存入货格。根据存取货物时货架和物料的状态特点，可将自动仓库区分成固定式自动仓库和循环式自动仓库。

1. 固定式自动仓库

固定式自动仓库由货架、堆垛机、载货工具、进出库作业站和进出库控制装置组成。固定式自动仓库的货架可以与车间的墙壁和天花板建成一体，使其成为厂房设计的一部分，也可以作为独立的结构体，把它建在车间内某一地方。每排货架都被水平地分成若干层和垂直地分成若干列，层列交错地在货架上隔出货格。若干排货架平行布置就能构筑出大型自动仓库，货架之间的空间称为巷道。巷道、货架的层、货架的列组成了 X、Y、Z 三维立体空间，一个货格唯一地对应着直角坐标系的一个坐标点。

堆垛机又称自动巷道车，它可以在巷道中沿 X 轴方向运行，其升降台和载货台（含货物存取装置，如货叉）可沿 Y、Z 轴方向移动，因此堆垛机能对巷道两侧货架中的每件货物进行存取和输送。自动仓库的每条巷道至少有一台堆垛机。

使用载货工具（例如托盘、零件盘、货箱）实施物料自动存取和输送。托盘是一种随行夹具，大、中型零件通常装夹在托盘上直接送到机床加工，小型零件的装载多用零件盘，散件常用货箱。

只有经过进出库作业站才能实现货物入、出库。在该作业站可以安排操作人员协同工作。在进出库控制装置的控制下，摆放在进出库作业站上的物料（放在托盘上或放到货箱中），可以被堆垛机取走，送到预定的货格中存储起来；反之，堆垛机也可以从指定的货格中取出物料，送给进出库作业站。

2. 循环式自动仓库

物料随回转台一起作水平回转运动。如果操作人员设定了一个货位号，当该货位到达进/出库站时，自动仓库便停止运转，自动存/取货装置就可实施物料的进/出库操作。

把水平循环自动仓库竖立起来，就成为垂直循环自动仓库，其物料随回转台一起作垂直回转运动。垂直循环自动仓库的控制方式与水平循环自动仓库完全一样，但物料的进/出库操作是在某一设计高度上实施的。

将水平循环自动仓库多层叠置，就构成了多层水平循环自动仓库，其每层货位均可独立地水平回转，互不制约地实施进/出库操作。这种仓库能迅速地完成物料的分类、检索、挑选、进出库操作。

与固定式自动仓库比较，循环式自动仓库的规模比较小，货架之间一般不需要通道，多用于物料的短期管理，效率较高。

（二）自动仓库的管理和控制

FMS 的自动仓库采用多级分布式控制包括以下方面：

1. 预处理计算机层

负责对货物编码（如条形码）识别的信息进行预处理，并把与货箱零件有关的信息送到管理计算机上登记。

2. 管理计算机层

担当对整个自动仓库的物料、账目、货位及其信息进行管理的任务，按均匀分配原则把入库货箱分配给各条巷道，按先进先出原则调用库存物料，还能提供库存查询和打印报表的任务。

3. 通信监控机层

接受管理计算机的作业命令包，将其拆包、分解、数据处理，按巷道对作业命令进行分类排序，并下达给堆垛机控制器和运输机控制器执行。还能显示出指定作业的地址和各巷道的作业箱数，监视实际运行地址和实际完成的作业箱数。

4. 堆垛机控制器

执行通信监控计算机的作业命令，合理设定堆垛机的运行速度，控制堆垛机按遥控方式或全自动在线方式运行，使之从事入库、出库、转库等工作。还能在屏幕上显示出作业目的地址和运行地址，显示堆垛机运行的 X 向速度和 Z 向速度的大小与方向，显示伸叉方向。还给堆垛机安全运行提供一些保护措施，例如，当堆垛机出现小故障，启动暂停功能可使其停止运行，排除故障后再让它继续工作；当货叉占位、取货无箱、存货占位等现象发生时，能及时报警并作出相应处理。

5. 运输机控制器

执行通信监控计算机的作业命令，从作业地址中取出巷道号，对其进行数据处理，依照处理结果控制分岔点的停止器，使货箱在运输机上自动分岔。

第六章　加工刀具自动化

第一节　刀具的自动装夹

一、自动化刀具的特点和结构

（一）自动化刀具的特点

自动化刀具与普通机床用刀没有太大的区别，但为了保证加工设备的自动化运行，自动化刀具需要具有以下特点：

（1）刀具的切削性能必须稳定可靠，应具有高的使用寿命和可靠性。

（2）刀具应能可靠地断屑或卷屑。

（3）刀具应具有较高的精度。

（4）刀具结构应保证其能快速或自动更换和调整。

（5）刀具应配有工作状态在线检测与报警装置。

（6）应尽可能地采用标准化、系列化和通用化的刀具，以便于刀具的自动化管理。

（二）自动化刀具的结构

自动化刀具通常分为标准刀具和专用刀具两大类：在以数控机床、加工中心等为主体构成的柔性自动化加工系统中，为了提高加工的适应性，同时考虑到加工设备的刀库容量有限，应尽量减少使用专用刀具，而选用通用标准刀具、刀具标准组合件或模块式刀具。例如，新型组合车刀是一种典型的刀具标准组合件，它将刀体与刀柄分别做成两个独立的元件，彼此之间是通过弹性凹槽连接在一起的，利用连接部位的中心拉杆（通过液压力）实现刀具的快速夹紧或松开。这种刀具最大的特点是刀体稳固地固定在刀柄底部突出的支撑面上，这样的设计既能保证刀尖高度的精确位置，又能使刀头悬伸长度最小，实现了刀具由动态到静态的刚度。此外，它还能和各种系列化的刀具（如镗刀、钻头和丝锥等）夹头相配，实现刀具的自动更换。

常用的自动化刀具有可转位车刀、高速工具钢麻花钻、机夹扁钻、扩孔钻、铰刀、镗刀、立铣刀、面铣刀、丝锥和各种复合刀具等。选用刀具时常需考虑刀具的使用条件、工件的厚度、断屑与否以及刀具和刀片生产供应情况等诸多因素，若选择得当，则事半功倍。

可转位刀具的结构是一种将带有若干个切削刃口及具有一定几何参数的多边形刀片，用机械夹固方法夹紧在刀体上的一种刀具，是有利于提高数控机床的切削效率、实现自动化加工的行之有效的刀具。

另外，由于带沉孔、带后角刀片的刀具具有结构紧凑、断屑可靠、制造方便、刀体部分尺寸小、切屑流出不受阻碍等优点，也可优先用作自动化加工刀具。

二、自动化刀具的装夹机构

为了提高机械加工的效率，实现快速地切换刀具，就需要在刀具和机床之间装配一个装夹机构，建立一套完整的工具系统，最终实现刀具的刀柄与接杆实现标准化、系列化和通用化。更完善的工具系统还应包括自动换刀装置、刀库、刀具识别装置和刀具自检装置，更进一步地实现了机床的快速换刀和高效切削的要求。

（一）工具系统的分类

比较常用的工具系统有 TSG 系统（镗铣类数控机床用工具系统）和 BTS 系统（车床类数控机床用工具系统）两类。工具系统主要由刀柄、接柄和夹头等部分组成。工具系统关于刀具与装夹工具的结构有明确的规定。数控工具系统可分为整体式和模块式两种。整体式的特点是每把工具的柄部与夹持工具的工作部分连成一体，因此，不同品种和规格的工作部分都必须加工出一个能与机床连接的柄部，致使工具的规格多、品种也繁多，给生产和管理带来了极大的不利。模块式工具系统是把工具的柄部和工作部分分割开来，制成各种系列化模块，然后经过不同规格的中间模块，组装成不同规格的工具。这样不仅方便了制造、保管和使用，而且以最少的工具库存满足了不同零件的加工任务，所以它是工具系统的发展趋势。

（二）自动化刀具刀柄和机床主轴的连接

自动化加工设备的刀具和机床的连接，必须通过与机床主轴孔相适应的工具柄部、与工具柄部相连接的工具装夹部分和各种刀具部分来实现。而且随着高速加工技术的广泛应用，刀具的装夹对高速切削的可靠性与安全性以及加工精度等具有至关重要的影响。

在传统数控铣床、加工中心类机床上，一般都采用锥度为 7∶24 的 BT 系统圆锥柄工具。这种刀柄为仅依靠锥面定位的单面接触，刀柄通过拉钉和主轴内的拉刀装置固定在主轴上，这种锥柄不自锁，换刀方便，与直柄相比有较高的定心精度和刚度。BT 刀柄的最佳转速范围为 0~12 000 r/min，当速度达到 15 000 r/min 以上时，会由于精度降低而无法使用。

高速加工（切削）技术既是机械加工领域学术界的一项前沿技术，BT 刀柄也是工业界的实用技术，已经在航空航天、汽车和模具等行业得到广泛应用。考虑到高速切削机床主轴和刀具连接时，为克服传统 BT 刀柄仅依靠锥面单面定位而导致的不利因素，宜采用双面约束定位夹持系统实现刀柄在主轴内孔锥面和端面同时定位的连接方法，以保证具有很高的接触刚度和重复定位精度，实现可靠夹紧。目前，市场上广泛用于高速切削刀具连接系统的刀柄，有采用锥度为 1∶10 短锥柄的 HSK 刀柄和在传统 BT 刀柄的基础上改进而来的 BIG-PLUS 刀柄。

HSK 刀柄是德国为高速机床而研发的，HSK 刀柄已被列入 ISO 标准 ISO 12164。HSK 刀柄采用的是锥度为 1∶10 的中空短锥柄，当短锥刀柄与主轴锥孔紧密接触时，在端面间仍留有 0.1 mm 左右的间隙，在拉紧力的作用下，利用中空刀柄的弹性变形补偿该间隙，以实现与主轴锥面和端面的双面约束定位。此时，短刀柄与主轴锥孔间的过盈量为 3~10

μm。由于中空刀柄具有较大的弹性变形，因此对刀柄的制造精度要求相对较低。此外，HSK 刀具系统的柄部短、重量轻，有利于机床自动换刀和机床小型化，但其中空短锥柄结构也会使系统刚度与强度受到影响。

（三）自动化刀具和刀柄的连接

刀柄在夹持力、夹持精度和控制夹持精度上有十分重要的意义。目前，传统数控机床和加工中心上主要采用弹簧夹头，高速切削的刀柄和刀具的连接方式主要有高精度弹簧夹头、热缩夹头、高精度液压膨胀夹头等。

弹簧夹头一般采用具有一定锥角的锥套（弹簧夹头）作为夹紧单元，利用拉杆或螺母，使套锥内径缩小而夹紧刀具。

热缩夹头主要利用刀柄刀孔的热胀冷缩使刀具可靠地夹紧。热缩夹头及感应加热装置，这种系统不需要辅助夹紧元件，具有结构简单、同心度较好、尺寸相对较小、夹紧力大、动平衡度和回转精度高等优点。与液压夹头相比，其夹持精度更高，传递转矩增大了1.5~2 倍，径向刚度提高了 2~3 倍，能承受更大的离心力。

液压夹头是通过拧紧活塞夹紧螺钉，利用压力活塞对液体介质加压，向薄壁膨胀套筒腔内施加高压，使套筒内孔收缩来夹紧刀具的。

第二节　自动化换刀装置

机械加工一个零件往往需要多道工序的加工。在无法自动换刀数控机床的加工过程中，真正用来切削的时间只为工作时间的 30% 左右，其中有相当一部分时间用在了装卸、调整刀具的辅助工作上，所以，采用自动化换刀装置将有利于充分发挥数控机床的作用。

具有自动快速换刀功能的数控机床称为加工中心，它可以预先将各种类型和尺寸的刀具存储在刀库中。加工时，机床可根据数控加工指令自动选择所需要的刀具并装进主轴，或刀架自动转位换刀，工件在一次装夹下就能实现诸如车、钻、镗和铣等多种工序的加工。

在数控机床上，实现刀具自动交换的装置称为自动换刀装置。作为自动换刀装置的功能，它必须能够存放一定数量的刀具，即有刀库或刀架，并能完成刀具的自动交换。因此，对自动换刀装置的基本要求是刀具存放数量多、刀库容量大、换刀时间短、刀具重复定位精度高、结构简单、制造成本低、可靠性高。其中，特别是自动换刀装置的可靠性，对于自动换刀机床来说显得尤为重要。

一、刀库

刀库是自动换刀系统中最主要的装置之一，通俗地说它是储藏加工刀具的仓库，其功能主要是接收从刀具传送装置送来的刀具和将刀具给予刀具传输装置。刀库的容量、布局以及具体结构因机床结构的不同而差别很大，种类繁多。

鼓轮式刀库又称为圆盘刀库，其中最常见的形式有刀具轴线与鼓轮轴线平行式布局和刀具轴线与鼓轮轴线倾斜式布局两种示。

　　这种形式的刀库因为结构特点，在中小型加工中心上应用较多，但因刀具单环排列，空间利用率低，而且刀具长度较长时，容易和工件、夹具干涉。且大容量刀库的外径较大，转动惯量大，选刀运动时间长。因此，这种形式的刀库容量一般不宜超过32把刀具。

　　链式刀库的优点是结构紧凑、布局灵活、容量较大，可以实现刀具的"预选"，换刀快。多环链式刀库的优点是刀库外形紧凑，空间占用小，比较适用于大容量的刀库。若需增加刀具数量，只要增加链条长度，而不增加链轮直径，链轮的圆周速度不变，所以刀库的运动惯量增加不多。但通常情况下，刀具轴线和主轴轴线垂直，因此，换刀必须通过机械手进行，机械结构比鼓轮式刀库复杂。

　　格子箱式刀库容量较大、结构紧凑、空间利用率高，但布局不灵活，通常将刀库安放于工作台上。有时甚至在使用一侧的刀具时，必须更换另一侧的刀座板。由于它的选刀和取刀动作复杂，现在已经很少用于单机加工中心，多用于FMS（柔性制造系统）的集中供刀系统。

　　直线式刀库结构简单，刀库容量较小，一般应用于数控车床和数控钻床，个别加工中心也有采用。

二、刀具交换装置

　　数控机床的换刀系统中，能够在刀库与机床主轴之间传递和装卸刀具的装置称为刀具交换装置。刀具的交换主要有两类方式，其一是刀库与机床主轴的相对运动实现刀具交换；其二是利用机械手交换刀具来实现换刀，刀具的交换方式对机床的生产效率产生直接的影响。

　　（一）利用刀库与机床主轴的相对运动实现刀具交换的装置

　　换刀之前必须先将刀具送回刀库，而后从刀库中取到新的刀具，这是一组连贯动作，并不可能同时进行，所以完成换刀的时间较长。换刀的具体过程如下：首先使主轴上的定位键和刀库的定位键保持一致，同时，沿垂直Z轴快速向上运动到换刀点，转备好换刀。刀库向右运动，刀座中的弹簧机构卡入刀柄V形槽中，主轴内的刀具夹紧装置放松，刀具被松开，主轴箱上升，使主轴上的刀具放回刀库的空刀座中，然后刀库旋转，将下一步需要的刀具转到主轴下，主轴箱下降，将刀具插入机床的主轴，同时，主轴箱内的夹紧装置夹紧刀具，刀库快速向左返回，将刀库从主轴下面移开，刀库恢复原位，主轴箱再向下运动，便可以进行下一工序的加工。

　　（二）利用机械手实现刀具交换的装置

　　使用机械手完成换刀应用最广泛，主要是由于机械手换刀的灵活性。此装置的优点是在刀库的布置和添加刀具的功能上不受系统结构功能的限制，从而在整体上提高了换刀速度。

　　机械手根据不同的机床而品种繁多，在所有的机械手中，双臂机械手最灵活有效。

　　机械手在运动方式上又可分为单臂单爪回转式机械手、单臂双爪回转式机械手、双臂回转式机械手、双机械手等多种。机械手的运动主要是通过液压、气动、机械凸轮联动机构等来实现。

三、换刀机械手

在自动换刀的数控机床中，机械手的装配形式多样。

（一）单臂单爪回转式机械手

此类机械手的手臂可以在空间的任意角度回转换刀，手臂上仅有一个卡爪，不论是在刀库还是主轴，都依靠这一卡爪实现装刀或卸刀，因此完成换刀花费较长的时间。

（二）单臂双爪回转式机械手

此类机械手的手臂上有两个卡爪，两个卡爪的任务各不相同，一个卡爪的任务是从主轴上取下旧刀并送回刀库，另一个卡爪的任务是从刀库取出新刀并送到主轴，换刀效率较高。

（三）双臂回转式机械手

此类机械手有两个手臂，每个手臂各有一个卡爪，两个卡爪可以同时抓取刀库或主轴上的刀具，回转180°后又同时将刀具放回刀库及装入主轴。换刀时间大大提高，比以上两种机械手臂都快，是最常用的形式。

（四）双机械手式

此类机械手相当于两个单臂单爪机械手，两者自动配合实现换刀，其中一个机械手从主轴上取下"旧刀"送往刀库，另一个机械手从刀库取出"新刀"并装入机床主轴。

（五）双臂往复交叉式机械手

此类机械手的两个手臂能够往复运动，并能够相互交叉。其中一个手臂将主轴上的刀具取下并送回刀库，另一个手臂从库中取出新刀并装入主轴。这类机械手可沿着导轨直线移动或绕着某个转轴回转，从而实现刀库与主轴的换刀工作。

（六）双臂端面夹紧式机械手

此类机械手与前几种机械手仅在夹紧部位上不同。前几种机械手都是通过夹紧刀柄的外圆表面而抓取刀具，而这类机械手则夹紧刀柄的两个端面。

四、刀具识别装置

刀具（刀套）识别装置在自动换刀系统中的作用是，根据数控系统的指令迅速准确地从刀具库中选中所需的刀具以便调用。因此，应合理解决刀具的换刀选择方式、刀具的编码方式和刀具（刀套）的识别装置问题。

（一）刀具的换刀选择方式

常用的选刀方式有顺序选刀和任意选刀两种。

1. 顺序选刀

采用这种方法时，刀具在刀库中的位置是严格按照零件加工工艺所规定的刀具使用顺序依次排列，加工时按加工顺序选刀。这种选刀方式无须刀具识别装置，刀库的控制和驱动简单，维护方便。但是，在加工不同的工件时必须重新排列刀库中的刀具顺序，工艺过程中不相邻工步所用的刀具不能重复使用，使刀具数量增加。因此，这种换刀选择方式不适合多品种、小批量生产而适合加工批量较大、工件品种数量较少的中、小型自动换刀数控机床。

2. 任意选刀

采用这种方法时，要预先将刀库中的每把刀具（刀套）进行编码供选择时识别，因此刀具在刀库中的位置不必按照零件的加工工艺顺序排列，增加了系统的柔性，而且同一刀具可供不同工步使用，减少了所用刀具的数量。当然，因为需要刀具的识别装置，使刀库的控制和驱动复杂，也增加了刀具（刀套）的编码工作量。因此，这种换刀选择方式适合于多品种、小批量生产。

由于数控系统的发展，目前绝大多数数控系统都具有刀具任选功能，因此目前多数加工中心都采用任选刀具的换刀方法。

（二）刀具的编码方式

在任意选择的换刀方式中，必须为换刀系统配备刀具的编码和识别装置。其编码可以有刀具编码、刀套编码和编码附件等方式。

1. 刀具编码方式

这种方式是对每把刀具进行编码，由于每把刀具都有自己的代码，因此，可以随机存放于刀库的任一刀套中。这样刀库中的刀具可以在不同的工序中重复使用，用过的刀具也不一定放回原刀套中，避免了因为刀具存放在刀库中的顺序差错而造成的事故，也缩短了换刀时间，简化了自动换刀系统的控制。

在刀夹前部装有表示刀具编码的 5 个环，由隔环将其等距分开，再由锁紧环固定。编码环既可以是整体的，也可由圆环组装而成。编码环的直径大小分别表示二进制的"1"和"0"，通过这两种圆环的不同排列，可以得到一系列代码。

2. 刀套编码方式

这种编码方式对每个刀套都进行编码，同时刀具也编号，并将刀具放到与其号码相符的刀套中。换刀时刀库旋转，使各个刀套依次经过识刀器，直到找到指定的刀套，刀库便停止旋转。由于这种编码方式取消了刀柄中的编码环，使刀柄结构大为简化。因此，识刀器的结构不受刀柄尺寸的限制，而且可以放在较适当的位置，但是这种编码方式在自动换刀过程中必须将用过的刀具放回原来的刀套中，增加了换刀动作。与顺序选择刀具的方式相比，刀套编码的突出优点是刀具在加工过程中可以重复使用。

3. 编码附件方式

编码附件方式可分为编码钥匙、编码卡片、编码杆和编码盘等，其中应用最多的是编码钥匙。这种方式是先给各刀具都缚上一把表示该刀具号的编码钥匙，当把各刀具存放到刀库的刀套中时，将编码钥匙插进刀套旁边的钥匙孔中，这样就把钥匙的号码转记到刀套中，给刀套编上了号码，识别装置可以通过识别钥匙上的号码来选取该钥匙旁边刀套中的刀具。与刀套编码方式类似，采用编码钥匙方式时用过的刀具必须放回原来的刀套中。

（三）刀具（刀套）的识别装置

刀具（刀套）识别装置是自动换刀系统中的重要组成部分，常用的有以下几种。

1. 接触式刀具识别装置

接触式刀具识别装置应用较广，特别适应于空间位置较小的编码。装在刀柄 1 上的编码环，大直径表示二进制的"1"，小直径表示二进制的"0"，在刀库附近固定一刀具识别装置，从中伸出几个触针，触针数量与刀柄上的编码环对应。每个触针与一个继电器相连，当编码环是大直径时与触针接触，继电器通电，其二进制码为"1"。当编码环为小直径时与触针不接触，继电器不通电，其二进制码为"0"。当各继电器读出的二进制码与所需刀具的二进制码一致时，由控制装置发出信号，使刀库停转，等待换刀。接触式刀具识别装置结构简单，但由于触针有磨损，故寿命较短，可靠性较差，且难以快速选刀。

2. 非接触式刀具识别装置

非接触式刀具识别装置没有机械直接接触，因而无磨损、无噪声、寿命长，反应速度快，适应于高速、换刀频繁的工作场合。常用的有磁性识别法和光电识别法。

（1）磁性识别法

磁性识别法是利用磁性材料和非磁性材料磁感应强弱不同，通过感应线圈读取代码。编码环的直径相等，分别由导磁材料（如低碳钢）和非导磁材料（如黄铜、塑料等）制成，规定前者二进制码为"1"，后者二进制码为"0"。

（2）光电识别法

光电刀具识别装置是利用光导纤维良好的光导特性，采用多束光导纤维来构成阅读头。其基本原理是：用紧挨在一起的两束光纤来阅读二进制码的一位时，其中一束光纤将光源投射到能反光或不能反光（被涂黑）的金属表面上，另一束光纤将反射光送至光电转换元件转换成电信号，以判断正对着这两束光纤的金属表面有无反射光。一般规定有反射光为"1"，无反射光为"0"。所以，若在刀具的某个磨光部位按二进制规律涂黑或不涂黑，即可给刀具编码。

近年来，"图像识别"技术也开始用于刀具识别，还可以利用 PLC 控制技术来实现随机换刀等。

第三节　排屑自动化

在切削加工自动线中，切屑源源不断地从工件上流出，如不及时排除，就会堵塞工作空间，使工作条件恶化，影响加工质量，甚至使自动线不能连续地工作。因此，自动排屑是不容忽视的问题。

一、切屑的排除方法

从加工区域清除切屑的方法取决于切屑的形状、工件的安装方式、工件的材质及采用的工艺等因素。一般有以下几种方法。

（1）靠重力或刀具回转离心力将切屑甩出。这种方法主要用于卧式孔加工和垂直平面加工。为了便于排屑，在夹具、中间底座上要创造一些切屑顺利排出的条件。如加工部位要敞开，夹具和中间底座的平面尽量做成较大的斜坡并开洞，要避免造成堆积切屑的死角等。

（2）用大流量切削液冲洗加工部位。

（3）采用压缩空气吹屑。这种方法对已加工表面或夹具定位基面进行清理，如不通孔在攻螺纹前用压缩空气喷嘴清理残留在孔中的积屑，以及在工件装夹前对定位基面进行吹屑。

（4）负压真空吸屑。在每个加工工位附近安装真空吸管与主吸管相通，采用旋转容积式鼓风机，鼓风机的进气口与管道相接，排气端设主分离器、过滤器。这种方法对于干式磨削工序以及铸铁等脆性材料加工时形成的粉末状切屑最适用。

（5）在机床的适当运动部件上，附设刷子或刮板，周期性地将工作地点积存下来的切屑清除出去。

（6）电磁吸屑，适用于加工铁磁性材料的工件，工件与随行夹具通过自动线后需要退磁。

（7）在自动线中安排清屑、清洗工位。例如，为了将钻孔后的碎屑清除干净，以免下道工序攻螺纹时丝锥折断，可以安排倒屑工位，即将工件翻转，甚至振动工件，使切屑落入排屑槽中。

二、切屑搬运装置

具有集中冷却系统的自动线往往采用集中排屑。集中排屑装置一般设在底座下的地沟中，也可以贯穿各工位的中间底座。

自动线中常用的切屑搬运装置有平带输屑装置、刮板输屑装置、螺旋输屑装置及大流量切削液冲刷输屑装置。

（一）平带输屑装置

在自动线的纵向，用宽型平带贯穿机床中部的下方，平带张紧在鼓形轮之间，切屑落在平带上后，被带到容屑地坑中定期清除。这种装置只适用于在铸铁工件上进行孔加工工序，当加工钢件或铣削铸铁件时，切屑会无规律飞溅，落在两层平带之间被带到滚轮处引起故障，故不宜采用，也不能在湿式加工条件下适用。在机械加工设备中这种排屑装置已不再使用。

（二）刮板输屑装置

刮板输屑装置也是沿纵向贯穿自动线铺设，它可以设在自动线机床中间底座内或自动线下方地沟里。这种装置不适用于加工钢件时产生的带状切屑。

（三）螺旋输送装置

这种输屑装置适用于各种切屑，特别是钢屑。它设置在自动线机床中间底座内，螺旋器自由放在排屑槽内，它和减速器采用万向接头连接，这样可以使螺旋器随磨损面下降，以保证螺旋器紧密贴合在槽上。排屑槽可采用铸铁或用钢料焊成，铸铁槽耐磨性好，适用于不便修理的场合。设在机床床身内的排屑槽，磨损后应易于更换，一般用钢槽较好。

（四）大流量切削液冲刷输屑装置

这种排屑方式采用大流量的切削液，将加工产生的切屑从机床一加工区冲落到纵向贯穿自动线的下方地沟中。地沟按一定的距离设有多个大流量的切削液喷嘴，将切屑冲向地沟另一端的切削液池中。通过切削液和切屑的分离装置，将切屑提升到切屑箱中，切削液重复使用。采用这种排屑方式需要建立较大的切削液站，需要增加切削液切屑分离装置。另外，在机床的防护结构上要考虑安全防护，以防止切削液飞溅。该系统适用于不很长的单条自动线，也适用于多条自动线及单台机床组成的加工车间；适用于铝合金等轻金属的切屑处理，也适用于钢及铸铁等材质工件的切屑处理。

三、切削液处理系统

从切削液中分离切屑，保证切削液发挥应有的功能，不论是对单机独立冷却润滑，还是多机集中冷却润滑，都包括沉淀和分离。

经过切削区工作过的切削液，将其中携带的切屑、磨屑、砂粒、灰尘、杂质进行沉淀、分离，使再次供给切削区的切削液保持必要的清洁度，这是切削液正常使用最起码的要求。

（一）沉淀箱和分离器

沉淀箱是最简单、最常用的方法之一。在切削箱中放置至少两块隔离板。脏切削液绕过隔离板时，就会使杂质沉淀在箱底。这种沉淀方法适用于切屑大、密度大的杂质分离。

此外，还有涡旋分离器、磁性分离器、漂浮分离器、离心式分离器、静电式分离器等。其中，涡旋分离器的分离方式必须先将液体中的大块带状切屑清除后，再用涡旋分离器将切削液和切屑进一步分离。

（二）过滤装置

以过滤介质对切削液微小颗粒进行过滤，是精加工保证表面质量的重要环节。过滤介质一般分两类，一类是经久耐用、循环使用的，如钢丝、不锈钢丝编织的网，以及尼龙合成纤维编织网和耐用的纺织布等。这一类滤网网眼堵塞后可以清洗重复使用。另一类是一次性的过滤纸、毛毡和纱布。这两类过滤介质的过滤精度一般在 $6 \sim 20 \ \mu m$ 范围内。若要提高过滤精度，就要在上述过滤介质上涂层，涂层物为硅藻土、活性土，最高过滤精度可达 $1 \sim 2 \ \mu m$。

过滤装置一般分重力过滤、真空过滤和加压过滤三种形式。重力过滤靠液体本身重量渗透介质，一般需要较大的过滤面积，用于水基切削液集中处理，但不适用于油基切削液。真空过滤（也称负压过滤）应在过滤介质下面设置真空度，靠真空吸引，加快过滤过程，适用于油基切削液及大流量水基切削液集中过滤，过滤精度达 $10 \sim 15 \ \mu m$，但过滤介质消耗大、占地面积大。加压过滤是在封闭循环系统中通过泵加压，使切削液通过过滤介质进行过滤。滤网太脏时，可反向通过压缩空气或清洁的切削液反冲、清洗。滤网可为尼龙网、纸质滤芯、陶瓷滤芯、金属丝网滤芯等。

四、切屑及切削液处理装置

长期以来，切削液在切削加工中起着不可缺少的作用，但它也对环境造成了一定的污染。为了减少它的不良影响，一方面可采用干切削或准干切削等先进加工方法来减少切削液的使用量，另一方面要加强对它的净化处理，以便进行回收利用，减少切削液的排放量。下面介绍两种典型的处理装置。

（一）带刮板式排屑装置的处理装置

切屑和切削液一起沿斜槽进入沉淀池的接收室，大部分切屑向下沉落，顺着挡板落到刮板式排屑装置上，随即将切屑排出池外。切削液流入液室，再通过两层网状隔板进入液室，这是已经净化的切削液，即可由泵通过吸管送入压力管路，以供再次使用。这种方法适用于用切削液冲洗切屑而在自动线上不使用任何排屑装置的场合。

（二）负压式纸带过滤装置

含杂质的切削液流经污液入口注入过滤箱，在重力作用下经过滤纸漏入栅板底下的负压室，而悬浮的污物则截留在纸带上。起动液压泵，将大部分净化切削液抽送至工作区，小部分输入储液箱。当净液抽出后，负压室内的液压下降，开始产生真空，从而可提高过滤能力与效率。待纸带上的屑渣聚积到一定厚度时，形成滤饼，此时过滤能力下降，即使在负压作用下过滤下来的液体仍渐渐少于抽出的液体，致使负压室内的液面不断下降，负压增大，待负压大至一定数值时压力传感器就发出信号，打开储液箱下面的阀，由储液箱放液进入负压室。当注满负压室时，装有刮板的传动装置开始启动，带动过滤纸移动一段距离 L（约 200~400 mm），使新的过滤纸工作，过滤速度增大，储液箱下面的阀关闭，进入正常过滤状态，继续下一个负压过滤循环。这种装置不需要专门的真空泵就能形成负压，是一种较好的切削液过滤净化装置。

第七章　检测与装配过程自动化

第一节　检测过程自动化

一、检测过程自动化概述

（一）检测自动化的目的和意义

制造过程检测自动化，是利用各种自动化检测装置，自动地检测被测量对象的有关参数，不断提供各种有价值的信息和数据（包括被测对象的尺寸、形状、缺陷、加工条件和设备运行状况等）。自动化检测不仅用于被加工零件的质量检查和质量控制，还能自动监控工艺过程，以确保设备的正常运行。随着计算机应用技术的发展，自动化检测的范畴已从单纯对被加工零件几何参数的检测，扩展到对整个生产过程的质量控制。从对工艺过程的监控扩展到实现最佳条件的适应控制生产。因此，自动化检测不仅是质量管理系统的技术基础也是自动化加工系统不可缺少的组成部分。在先进制造技术中，它还可以更好地为产品质量体系提供技术支持。

实现检测自动化，可以消除人为的误差因素，使检测结果稳定，可信度高。由于采用先进的测量仪器，提高了检测精度，还可以实现实时动态测量；同时，依据测量结果，容易实现对加工过程积极有效的质量控制，从而保证产品质量。

此外，采用加工过程中的自动测量，可以使检测过程与加工过程重合，减少了大量辅助时间，提高了生产率，也大大减轻了工人的劳动强度。

值得注意的是，尽管已有众多自动化程度较高的自动检测方式可供选择，但并不意味着任何情况都一定要采用。重要的是根据实际需要，以质量、效率、成本的最优结合来考虑是否采用和采用何种自动检测手段，从而取得最好的技术经济效益。

（二）自动检测的特征信号

在现代制造系统中，产品质量的控制已不再停留在传统的检测被加工零件的尺寸精度和粗糙度等几何量的单一的直接测量方式，而是扩大至检测和监控影响产品加工质量的机械设备和加工系统的运行状态，间接地、多方面地来保证产品的质量要求和系统运行的可靠性。

机械设备和加工系统的状态变化，必然会在其运行过程中的某些物理量和几何量上得到反映。例如切削过程中刀具的磨损，会引起切削力、切削力矩、振动等特征量的变化。因此，在采用自动检测和监控方法时，根据加工系统和设备的具体条件，正确选择被测的特征信号是很重要的。

　　可供选择的检测特征信号较多，因此，选择时必须遵循的准则有：①信号能否准确可靠地反映被测对象和工况的实际状态；②信号是否便于实时和在线检测；③检测设备的通用性和经济性。

　　在加工系统中常用于产品质量自动检测和控制的特征信号有尺寸和位移、力和力矩、振动、温度、电信号、光信号和声音等。

1. 尺寸和位移

　　这是最常用作检测信号的几何量。尺寸精度是直接评价加工件质量的依据，只要可能，都应尽量直接检测工件尺寸。但是，在实时和在线条件下，直接测量工件尺寸往往有困难，这时就可对影响工件加工尺寸的机床运动部件（如刀架、溜板或工作台等）的位移量进行检测，以保证获得要求的工件尺寸精度。

2. 力和力矩

　　力和力矩是机械加工过程中最重要的物理量，它们直接反映加工系统中的工况变化，如切削力、主轴扭力矩等都反映刀具的磨损状态，并间接反映工件的加工质量。但这类特征信号在加工过程中直接计量较困难，通常必须通过测量元件或传感器转换成电信号。

3. 振动

　　这是加工系统中又一种常见的特征信号，它涉及众多的机床及有关设备的工况和加工质量的动态信息，例如刀具的磨损状态、机床运动部件的工作状态等。振动信号便于检测和处理，能得出较精确的测量结果。

4. 温度

　　在许多机械加工过程中，随着摩擦和磨损的发生和发展，均会随之而出现温度的变化，过高的温度会导致机械系统的变形而降低加工精度，因此，温度也常作为特征信号而被检测和监控。此外，在磨削加工时，如果磨削区温度过高，就会烧伤工件的磨削表面，降低工件的表面质量。

5. 电流、电压和电磁强度等电信号

　　电信号是人们最熟悉和最便于检测的物理量，特别是在其他物理参数（如主轴转矩）较难直接测量时，就常转换成电信号进行间接检测。因此，在机械加工系统中，检测电信号来控制系统工况以保证加工产品质量是用得最普遍的方法。

6. 光信号

　　随着激光技术、红外技术以及视觉技术的发展和应用，光信号也已经作为特征量用于加工系统的实时检测和监控，例如检测工件表面粗糙度、形状和尺寸精度等。

7. 声音

　　声信号也是一种常见的物理量，它是由于弹性介质的振动而引起的。因此信号一样可以从一个侧面来反映加工系统的运行情况。

　　以上所列，均为机械加工系统自动检测和监控时常用的系统特征信号。为了保证加工系统的正常运行和产品的高质量，就需要根据实际生产条件和经济条件，正确选取需要进行检测的特征信号和测试设备，或者若干信号的组合检测。

　　（三）自动检测方法与测量元件

　　在需要检测的特征参数或信号确定以后或同时，必须选择测量方法和测量元件或传

感器。

1. 自动检测方法

自动检测方法可有下列几种分类方式。

（1）直接测量与间接测量直接测量的测得值及其测量误差，直接反映被测对象及测量误差（如工件的尺寸大小及其测量误差）。在某些情况下，由于测量对象的结构特点或测量条件的限制，要采用直接测量有困难，只能测量另外一个与它有一定关系的量（如测量刀架位移量控制工件尺寸），此即为间接测量。

（2）接触测量和非接触测量测量器具的量头直接与被测对象的表面接触，量头的移动量直接反映被测参数的变化，称为接触测量。量头不与工件接触，而是借助电磁感应、光束、气压或放射性同位素射线等强度的变化来反映被测参数的变化，称为非接触测量。非接触测量方式的量头由于不与测量对象接触而发生磨损或产生过大的测量力，有利于在对象的运动过程中测量和提高测量精度，故在现代制造系统中，非接触测量方式的自动检测和监控方法具有明显的优越性。

（3）在线测量和离线测量在加工过程或加工系统运行过程中对被测对象进行检测称为在线测量或在线检验，有时还对测得的数据分析处理后，通过反馈控制系统调整加工过程以确保加工质量。如果在被测对象加工后脱离加工系统再进行检测，即为离线测量。离线测量的结果往往需要通过人工干预，才能输入控制系统调整加工过程。

（4）全部（100%）检测和抽样统计检测对每个被测对象全部进行检验或测量，称为全部检测或100%检测。如果只在一批零件中抽样检查和测量，并对测得数据进行统计学分析，并根据分析结果确定整批对象的质量或系统的工作状态，称为抽样统计检测。当前在用户对产品质量和可靠性要求愈来愈高的情况下，自动检测工作都将在100%的基础上进行而尽可能不采用抽样。

2. 测量元件和传感路

在大批量自动生产中常用的自动检测用传感器的技术性能如表7-1所示。

表7-1 常用传感器的技术性能及特点

类型		示值范围/mm	示值误差/μm	特点
电气	电互感式	±（0.003~1）特殊设计可增大	±（0.05~0.5）	对环境要求低，抗干扰性强，使用方便，信号可进行运算处理，可发多组信号
	电容式	±（0.003~0.1）特殊设计可增大	±（0.05~0.5）	易受外界干扰，能进行高倍放大以达到高灵敏度，频率特性好
	电接触式	0.2~1	±（1~2）	对震动较敏感，只能指示定值界限，结构简单，电路简单，反应速度快
	光电式	按应用情况而定		易受外界干扰，便于实现非接触测量，反应速度快，用于检测外观、小孔、复杂形状等特殊场合

续表

类型		示值范围/mm	示值误差/μm	特点
气动	浮标式	±(0.02~0.25)	±(0.2~1)	放大倍数高（5 000 倍），工作压力低（67.7 kPa），浮标有时出现越位现象
	波纹管式			线性好，反应快，放大倍数中等（3 140 倍）工作气压115 kPa，受气压波动影响小，耗气量小
	膜片式			放大倍数低（1 000 倍），工作压力高（336~384 kPa），可吹掉被测物表面的污物

在高性能的数控机床上，都配备有位置测量元件和测量反馈控制系统。一般要求测量元件的分辨率在 0.001~0.01 mm 之内，测量精度在 ±0.002~0.02 mm 之内，并能满足数控机床以 10 m/min 以上的最大速度移动。另外，在具有数显装置的机床上，也采用位置测量元件。

在现代化的制造系统中，常用的接触式和非接触式自动测量技术。接触方法最常用的是坐标测量机和三维测头。坐标测量机是由计算机控制的，它能与计算机辅助设计（CAD）、计算机辅助制造（CAM）连接在一起，构成包括计算机辅助质量控制（CAQC）在内的集成系统。三维测头可用于数控机床和机器人测量站进行自动检测。非接触方法分成光学的和非光学的两大类。光学方法涉及某些视觉系统和激光应用。非光学方法基本上都是用电场原理去感受目标特征，此外，还有超声波和射线技术。

（四）制造过程中自动检测的内容

一般地，机械加工工艺过程与机械加工工艺系统（机床、刀具、工件、夹具及辅具）的工作状况部属于自动化检测的内容，主要包括以下几个方面。

（1）对工件几何精度的检测与控制。

（2）对刀具正作状态的检测与控制。

（3）对自动化加工工艺过程的监控。

二、工件教工尺寸的自动测量

工件尺寸精度是直接反映产品质量的指标，因此，在绝大多数的加工系统中，都采用直接测量工件尺寸来保证产品质量和系统的正常运行。

（一）长度尺寸测量

长度测量用的量仪按测量原理可分为机械式量仪、光学量仪、气动量仪和电动量仪四大类，而适于大中批量生产现场测量的，主要有气动量仪和电动量仪两大类。

1. 气动量仪

气动量仪将被测盘的微小位移量转变成气流的压力、流量或流速的变化，然后通过测量这种气流的压力或流量变化，用指示装置指示出来，作为量仪的示值或信号。

气动量仪容易获得较高的放大倍率（通常可达 2 000~10 000），测量精度和灵敏度均很高，各种指示表能清晰显示被测对象的微小尺寸变化；操作方便，可实现非接触测量；测量器件结构容易实现小型化，使用灵活；气动量仪对周围环境的抗干扰能力强，广泛应用于加工过程中的自动测量。但对气源的要求高，响应速度略慢。

2. 电动量仪

电动量仪一般由指示放大部分和传感器组成，电动量仪的传感器大多应用各种类型的电感和互感传感器及电容传感器。

（1）电动量仪的原理

电动量仪一股由传感器、测量处理电路及显示及执行部分所组成。由传感器将工件尺寸信号转化成电压信号，该电压信号经后续处理电路进行整流滤波后，将处理后的电压信号送 LCD 或 LED 显示装置显示，并将该信号送执行器执行相关动作。

（2）电动量仪的应用

各种电动量仪广泛应用作。特别是将各个传感器与各种判别电路、显示装置等组成的组合式测量装置，更是广泛应用于工件的多参数测量。

用电动量仪作各种长度洒量时，可应用单传感器测量或双传感器测量。用单传感器测量传动装置测量尺寸的优点是只用一个传感器，节省费用；缺点是由于支承端的磨损或工件自身的形状误差，有时会导入测量误差，影响测量精度。

（二）形状精度测量

用于形位误差测量的气动量仪在指示转换部位与用于测量长度尺寸的量仪大致是相同的，只是所采用的测头不同（可根据具体情况参照有关手册进行设计）。用电动量仪进行形位误差测量时，与测量尺寸值不一样，往往需要测出误差的最大值和最小值的代数差（峰−峰值），或测出误差的最大值和最小值的代数和的一半（平均值），才能决定被测量的误差。为此，可用单传感器配合峰值电感测微心去测量，也可应用双传感器通过"和差演算"法测量。

（三）表面粗糙度测量

目前，在车间生产中应用比较广泛的表面粗糙度的测量方法包括气隙法、漫反射法等。

1. 气隙法

主要由电容法测量表面粗糙度。电容极板靠三个支承点与被测表团接触，按电容量的大小来评定表面粗糙度。

2. 漫反射法

漫反射法有激光反射法和光纤法两种。

（1）激光反射法

该方法的原理为，对于非理想镜面，在光线入射时，除了产生镜面反射外，还会产生漫反射。这样可以根据漫反射光能与镜面反射光能量之比确定被测件表面粗糙度，这种方法称为数值法。还可以根据斑点形状来确定被测工件表面粗糙皮，称为图像法。

（2）光纤法

光纤法是一种比较新的实现激光扩束的方法。通过使用光纤，可以将激光束从一个小点扩散成一个大点或者一个平面。光纤法的优点是可以实现非常大的扩束角度，并且可以在不同位置进行扩束，非常灵活。

（四）加工过程中的主动测量装置

加工过程中的主动测量装置一般作为辅助装置安装在机床上。在加工过程中，不需停机测量工件尺寸，而是依靠自动检测装置，在加工的同时自动测量工件尺寸的变化，并根据测量结果发出相应的信号，控制机床的加工过程。

主动测量装置可分为直接测量和间接测量两类。直接测量装置在加工过程中用量头直接测量工件的尺寸变化，主动监视和控制机床的工作。间接测量装置则依靠预先调整好的定程装置控制机床的执行部件或刀具行程的终点位置来间接控制工件的尺寸。

1. 直接测量装置

直接测量装置根据被测表面的不同，可分为检验外因、孔、平面和检验断续表面等装置。测量平面的装置多用于制工件的厚度或高度尺寸，大多为单触点测量，其结构比较简单。其余几类装置，由于工件被测表面的形状特性及机床工作特点不同，因而各具有一定的特殊性。

2. 间接测量装置

以间接测量法控制加工过程时，不是用测量装置直接检测工件尺寸的变化，而是利用预先调整好的定程装置，控制机床执行机构的行程，成借助于专用的装置检测工具的尺寸，来间接地控制工件的尺寸。

在应用间接测量法的自动测量装置中，通常都具有某种测量发信元件，通过检测刀具的行程或尺寸来间接控制工件的尺寸。

3. 主动测量装置的主要技术要求

（1）测量装置的杠杆传动比不宜太大，测量链不宜过长，以保证必要的测量精度和稳定性。对于两点式测量装置，其上下两测端的灵敏度必须相等。

（2）工作时，测端应不脱离工件。因测端有附加测力，若测力太大，则会降低测量精度和划伤工件表面；反之，则会导致测量不稳定。当确定测力时，应考虑测量装置各部分质量、测端的自振频率和加工条件，例如机床加工时产生的振动、切削液流量等。一般两点式测量装置测力选取在 $0.8 \sim 2.5N$ 之间，三点式测量装置测力选取在 $1.5 \sim 4N$ 之间。

（3）测端材料应十分耐磨，可采用金刚石、红宝石硬质合金等。

（4）测臂和测端体应用不导磁的不锈钢制作，外壳体用硬铝制造。

（5）测量装置应有良好的密封性。无论是测量臂和机壳之间，传感器和引出导线之间，还是传感器测杆与套筒之间，均应有密封装置，以防止切削液进入。

（6）传感器的电缆线应柔软，并有屏蔽，其外皮应是防油橡胶。

（7）测量装置的结构设计应便于调整，推进液压缸应有足够的行程。

（五）三坐标测量机和测量机器人

1. 三坐标测量机

三坐标测量机是为了解决三维空间内的复杂尺寸和形位误差测量而发展的精密测量设备，是现代自动化加工系统中的基本设备。它不仅可以在计算机控制的制造系统中直接利用计算机辅助设计和制造系统中的编程信息对工件进行测量和检验，构成设计——制造——检验集成系统，并且能在工件加工、装配的前后或过程中给出检测信息，进行在线反蚀处理。

（1）三坐标测量机的导轨、底座和工作台的结构特点

三坐标测量机的导轨结构主要有气浮导轨、滑动导软和滚动导轨三种形式。

用的最普通的是气浮导轨。这种导轨具有摩擦力低、磨损小、运动精度高、保养简单等优点，但对气浮要求高，气浮刚度差。一些精密型小尺寸的三坐标测量机仍采用导向性好的滑动导轨。

三坐标测量机的底座和工作台采用花岗石制作的较多，具有变形小、硬度高、耐磨，使用寿命是钢铁的 5~10 倍，热稳定性和吸震性好，无磁化、无静电效应、不生锈，花岗石工作台表面受损伤时是局部脱落而不会引起周围变形等优点。但花岗石脆、易碎，加工成形性差，只能形成简单形状。因此也有一些三坐标测量机的底座用铸铁和钢板焊接结构。

（2）三坐标测量机在制造系统中的应用

采用三坐标测量机对减少检验时间十分有效，一般在三坐标测量机上检测工件的时间只有传统手工检测时间的 5%~10%，而且测量结果可靠，一致性高。

在高水平的柔性制造系统中，尤其是加工箱体类零件的柔性制造系统中，一般都配置一台三坐标测量机以获得高质量要求的零件。通常，安装在托盘上的工件在数控机床上加工结束后，与托盘一起运送至系统中的三坐标测量机上测量，不再需要专用夹具和量具。但是工件在进入测量机前必须经过充分的清洗，特别是在完全自动化操作的情况下更应注意。

在为三坐标测量机用离线或示教方法编制测量程序时，尽量不需要找正零件后再编但必须选择和定义零件的坐标轴和参考点。测量机自动执行测量时，可根据实际测得零件的位置和方向，自动计算出坐标转换值。因此，托盘的安装误差和零件的定位误差在测量过程中能自动校正，从而获得高的测量精度。如果用传统的检验方法来完成与此类似的任务，将复杂和耗时得多。

2. 测量机器人

在柔性加工系统中，三坐标测量机作为系统中的主要检测设备可以实现产品的下线终检。尽管测量机功能强、精度高，但各种测量都在其上进行是不经济的，它会增加生产的辅助时间，降低生产率。

利用机器人进行辅助测量，具有灵活、在线、高效等特点，可以实现对零件 100% 的测量。因此，特别适合 FMS 中的工序间和过程测量。而且与坐标测量机相比，其造价低，使用灵活，容易纳入自动线。

机器人测量分直接测量和间接测量。直接测量称作绝对测量，它要求机器人具有较高的运动精度和定位精度，因此造价也较高。间接测量又称辅助测量，特点是在测量过程中机器人坐标运动不参与测量过程。它的任务是模拟人的操作，将测量工具或传感器送至测量位置。这种测量机器人有如下特点。

（1）机器人可以是一般的通用工业机器人，如在车削自动线上，机器人可以在完成上下料工作后进行测量，而不必为测量专门设置一个机器人，使机器人在线具有多种用途。

（2）对传感器和测量装置要求较高，由于允许机器人在测量过程中存在移动或定位误差，因此传感器或测量仪器具有一定的智能和柔性，能进行姿态和位置调整，并独立完成测量工作。

（六）工件尺寸在线本电检测装置

1. 激光测径仪

激光测径仪是一种非接触式测量装置，常用在轧制钢管、钢棒等热轧制件生产线上。为了提高生产效率和控制产品质量，必须随机测量轧制中轧件外径尺寸的偏差，以便及时调整轧机，保证轧件符合要求。这种方法适用于轧制时对温度高、振动大等恶劣条件下的尺寸检测。

激光测径仪包括光学机械系统和电路系统面部分。其中，光学机械系统由激光电源、领氖激光器、同步电动机、多面棱镜及多种形式的透镜和光电转换器件组成；电路系统主要由整形放大、脉冲合成、填充计数、微型计算机、显示器和电源等组成。

2. 采用面阵 CCD 的钢板尺寸在线检测

目前，世界上先进的钢铁企业已较为普遍地采用在线自动测量技术对钢板板材的长度、宽度进行测量与剪切。其中，除了采用激光扫描、超声检测、射线测量等技术外，近几年来也正在应用 CCD 摄像机进行图像尺寸测量方面的研究和技术改造。随着国外钢铁企业在钢板生产上测量手段的提高，国际上对钢铁产品尺寸提出了更高的要求。例如，在中厚钢板几何尺寸控制上，国际上通用的 ISO9000 长度误差标准为 $0 \sim 25 \, \text{mm}$；而目前由于缺乏先进可靠的在线检测手段，我国的国家标准为 $0 \sim 40 \, \text{mm}$。这对我国的钢材产品进入国际市场显然是不利的。

根据钢板剪切过程和现场情况，在不改动原有设备的基础上，本系统应用图像处理与摄影测量等技术，通过多台面阵 CCD 摄像机获取整块钢板的图像，并经高速图像采集卡将图像数字化后输入至计算机中。计算机对钢板的数字图像进行预处理、边缘提取、自动识别后，计算出钢板的长度和宽度，并进行几何尺寸的规划及引导剪切。

三、刀具磨损的检测与监控

刀具的磨损和破损，与自动化加工过程的尺寸加工精度和系统的安全可靠性具有直接关系。因此，在自动化制造系统中，必须设置刀具磨损、破损的检测与监控装置，用以防止可能发生的工件成批报废和设备事故。

（一）刀具磨损的检测与监控概述

1. 刀具腐损的直接检测与补偿

在加工中心或柔性制造系统中，加工零件的批量不大，且常为混流加工。为了保证各加工表面应具有的尺寸精度，较好的方法是直接检测刀具的磨损量，并通过控制系统和补偿机构对相应的尺寸误差进行补偿。

刀具磨损量的直接测量，对于切削刀具，可以测量刀具的后刀面、前刀面或刀刃的磨损量；对于磨削，可以测量砂轮半径磨损量；对于电火花加工，可以测量电极的耗蚀量。

当镗刀停在测量位置时，测量装置移近刀具并与刀刃接触，磨损测量传感器从刀柄的参考表面上测取读数，刀刃与参考表面的两次相邻的读数变化即为刀刃的磨损值。测量过程、数据的计算和磨损值的补偿过程都可以由计算机系统进行控制和完成。

2. 刀具磨损的间接测量和监控

在大多数切削加工过程中，刀具的磨损区往往被工件、其他刀具或切屑所遮盖，很难直接测量刀具自损值，因此多采用间接测量方式。除工件尺寸外，还可以将切削力或力矩、切削温度、振动参数、噪声和加工表面粗糙度等作为衡量刀具磨损程度的判据。

（1）以切削力为判据

切削力变化可直接反映刀具的磨损情况。刀具在切削过程中磨损时，切削力会随着增如果刀具破损，切削力会剧增，在系统中，由于加工余量的不均匀等因素也会使切削力变化。为了避免因此而误判，取切削分力的比值和比值的变化率作为判别的特征量，即在线测得三个切削分力 F_x、F_y 和 F_x 相应电信号，经放大后输入除法器，得到的分力比 F_y/F_x 和 F_y/F_x 再输入微分器得到 $(F_x/F_y)/dt$ 和 $d(F_y/F_x)/dt$，，将这些数值再输入相应的比较器中，与设定值进行比较。这个设定值是经过一系列试验后得出的，说明刀具尚能正常工作或已破损的阀值。当各参量超过设定值时，比较器输出高电平信号，这些信号输入由逻辑电路构成的判别器中，判别器根据输入电平值的高低，可得出是否磨损或破损的结论。这种方法实时性较好，具有一定的抗干扰能力。

对于加工中心类机床，由于刀具经常需要更换，测力装置无法与刀具安装在一起。最好的办法是将测力装置设置在主轴轴承处，一方面可以不受换刀的影响，另一方面此处离刀具切入工件处较近，对直接检测切削力的变化特别敏感，且测量过程是连续的，能监测特别容易折断的小刀具。

（2）以振动信号为判据

振动信号对刀具磨损和破损的敏感程序仅次于切削力和切削温度。在刀架的垂直方向安装一个加速度计拾取和引出振动信号，通过电荷放大器、滤波器、模数转换器后，送入计算机进行数据处理和比较分析。在判别刀具磨损的振动特征是超过允许值时，控制器发出换刀信号。需指出的是，由于刀具的正常磨损与异常磨损之间的界限的不确定性，要事先确定一个设定值较困难，最好采用模式识别方法构造判别函数，并且能在切削过程中自动修正设定值，才能得到在线监控的正确结果。此外，还需排除过程中的干扰因素和正确选择振动参数的敏感频段。

（3）加工表面粗糙度为判据

加工表面粗检度与刀具磨损造成的机床系统特性参数的变化有关。因此，可以通过监测工件表面粗腿皮来判断刀具的磨损状态。这种方法信号处理比较简单，可利用工件所要求的粗糙度指标和粗糙度信号方差变化率构成逻辑判别函数，既可以有效识别出刀具的急剧磨损或微破损，又能监视工件的表面质量。

（4）具寿命为判据这是目前在加工

中心和柔性制造系统中使用最为广泛的方法，因为不需要附加测试装置及数据分析和处理装置，且工作可靠。

对于使用条件已知的刀具，其寿命有两种确定方法：是根据用户提供的使用条件试验确定，二是根据经验确定。刀具寿命不宜定得过长，必须定在急剧磨损之前，以防止切削力过大、切削温度过高和刀具折断的危险；但又不宜定得过短，以避免过早更换刀具和增加磨刀成本。刀具寿命可按刀具编号送入管理程序中。在调用刀具时，从规定的刀具使用寿命中扣除切创时间，直到剩余刀具寿命不足下次使用时间时发出换刀信号。

（二）刀具破损的监控方法

1. 探针式监控

这种方法多用来测量孔的加工深度，同时间接地检查出孔加工刀具的完整性，尤其是对于在加工中容易折弯的刀具，如直径 10~12 mm 以内的钻头。这种检测方法结构简单，使用很广泛。

其原理是：装有探针的检查装置装在机床移动部件（如滑台、主轴箱）上，探针向右移动，进入工件的已加工孔内，当孔深不够或有折断的钻头和切屑堵塞时，探针板压缩滑杆，克服弹簧力而后退，使挡铁压下限位开关，发出下一道工序不能继续进行的信号。但这种故障信号只能使自动线完成这一工作循环后才不再进行，而不能立即停止自动线的工作，因为立即停止工作易使自动线上的刀具损坏。

2. 光电式监控

采用光电式监控装置可以直接检查钻头是否完整或折断。光源的光线通过隔板中的孔，射向刚加工完退回的钻头，如钻头完好，光线受阻；如钻头折断，光线射向光敏元件，发出停车信号。

这种方法属非接触式检测，一个光敏元件只可检查一把刀具，在主轴密集、刀具集中时不好布置，信号必须经放大，控制系统较复杂，还容易受切屑干扰。

3. 气动式监控

这种监控方式的工作原理和布置与光电式监控装置相似。钻头返回原位后，气阀接通，气流从喷嘴射向钻头，当钻头折断时，气流就冲向气动压力开关，发出刀具折断信号。这种方法的优缺点及适用范围与光电式监控装置相同，但同时还有清理切屑的作用。

4. 电磁式监控

它是利用磁通变化的原理来检测刀具是否折断，带有线圈的 U 形电磁铁和钻头组成闭合的磁路。当钻头折断时，磁阻增大，使线圈中的电压发生变化而发出信号。

这种方法只适用于回转形刀具和加工非铁磁性材料的工件。因为刀具带有磁性。钻头的螺旋槽引起的周期性磁阻变化，可在电路中予以排除，但不适用于中心钻、阶梯钻等。

5. 主电动机负荷监控

在切削过程中，刀具的破损会引起切削力或切削转矩的变化，而切削力/转矩的变化可直接由机床电动机功率来表示。因此，检测机床电动机功率可以判断刀具状态。

6. 声发射监控

在金属切削过程中，用声发射方法检测刀具破损非常有效，特别是对小尺寸刀具破损的检测。

声发射是固体材料或构件受外力或内力作用产生变形或断裂，以弹形波形式释放出应变能的现象。金属切削过程中可产生频率范围从几十千赫至几兆赫的声发射信号。产生声发射信号的来源有工件的断裂、工件与刀具的摩擦、切屑变形、刀具的破损及工件的塑性变形等。正常切削时，信号器所拾取的信号为一个小幅值连续信号，当刀具破损时，声发射信号各增长幅值远大于正常切削时的幅度。当切削加工中发生钻头破损时，用安装在工作台上的声发射传感器检测钻头破损所发出的信号，并由钻头破损检测器处理，当确认钻头已破损时，检测器发出信号通过计算机控制系统进行换刀。根据大量实验，此增大幅度为正常切削时的 3~7 倍，并与刀具破损面积有关。因此，声发射产生阶跃突变是识别刀具破损时的重要特征。

声发射法监控仪抗环境噪声和扰动等随机干扰的能力强，识别刀具破损的精度和可靠性较高，能识别出直径 1 mm 的钻头或丝锥的破损，可用于普通车床、铣床和钻床，也可用于数控机床及加工中心，是一种很有前途的刀具破损监控方法。

第二节　装配过程自动化

装配是整个生产系统的一个主要组成部分，也是机械制造过程的最后环节。装配对产品的成本和生产效率有着重要影响，研究和发展新的装配技术，大幅度提高装配质量和装配生产效率是机械制造工程的一项重要任务。相对于加工技术而言，装配技术落后许多年，装配工艺已成为现代生产的薄弱环节。因此，实现装配过程的自动化越来越成为现代工业生产中迫切需要解决的一个重要问题。

一、概述

（一）装配自动化在现代制造业中的重要性

装配过程是机械制造过程中必不可少的环节。人工操作的装配是一个劳动密集型的过程，生产率是工人执行某一具体操作所花费时间的函数，其劳动量在产品制造总劳动量中占有相当高的比例。随着先进制造技术的应用，制造零件劳动量的下降速度比装配劳动量下降速度快得多，如果仍旧采用人工装配的方式，该比值还会提高。据有关资料统计分新，一些典型产品的装配时间占总生产时间的 53% 左右，是花费最多的生产过程，因此提高装配效率是制造工业中急需解决的关键问题之一。

装配自动化是实现生产过程综合自动化的重要组成部分，其意义在于提高生产效率、降低成本、保证产品质量，特别是减轻或取代特殊条件下的人工装配劳动。

装配是一项复杂的生产过程。人工操作已经不能与当前的社会经济条件相适应，因为人工操作既不能保证工作的一致性和稳定性，又不具备准确判断、灵巧操作，并赋以较大作用力的特性。同人工装配相比，自动化装配具备如下优点。

（1）装配效率高，产品生产成本下降。尤其是在当前机械加工自动化程度不断得到提高的情况下，装配效率的提高对产品生产效率的提高具有更加重要的意义。

（2）自动装配过程一般在流水线上进行，采用各种机械化装置来完成劳动量最大和最繁重的工作，大大降低了工人的劳动强度。

（3）不会因工人疲劳、疏忽、情绪、技术不熟练等因素的影响而造成产品质量缺陷或不稳定。

（4）自动化装配所占用的生产面积比手工装配完成同样生产任务的工作面积要小得多。

（5）在电子、化学、宇航、国防等行业，许多装配操作需要特殊环境，人类难以进入或非常危险，只有自动化装配才能保障生产安全。

随着科学技术的发展和进步，在机械制造业，CNC、FMC、FMS 的出现逐步取代了传统的制造技术，它们不仅具备高度自动化的加工能力，而且具有对加工对象的灵活性。如果只有加工技术的现代化，没有装配技术的自动化，FMS 就成了自动化孤岛。装配自动化的意义还在于它是 CIMS 的重要组成部分。

（二）装配自动化的任务及应用范围

所谓装配，就是通过搬送、联接、调整、检查等操作把具有一定几何形状的物体组合到一起。

在装配阶段，整个产品生产过程中各个阶段的工艺的和组织的因素都汇集到一起了。由于在现代化生产中广泛地使用装配机械，因而装配机械特别是自动化装配机械得到空前的发展。

装配机械是一种特殊的机械，它区别于通常用于加工的各种机床。装配机械是为特定的产品而设计制造的，具有较高的开发成本，而在使用中只有很少或完全不具有柔性。所以最初的装配机械只是为大批量生产而设计的。自动化的装配系统用于中小批量生产还是近几年的事。这种装配系统一般都由可以自由编程的机器人作为装配机械。除了机器人以外，其他部分也要能够改装和调整。此外，还要有具有柔性的外围设备。例如零件仓储，可调的输送设备，联接工具库、抓钳及它们的更换系统。柔性是一种系统的特性，使这种系统能够适应生产的变化。对于装配系统来说，就是要在同一套设备上同时或者先后装配不同的产品（产品柔性）。柔性装配系统的效率不如高度专用化的装配机械。往复式装配机械可以达到每分钟 10~60 拍（大多数的节拍时间为 2.5~4 s）；转盘式装配机械最高可以达到每分钟 2 000 拍。当然，所装配的产品很简单，例如链条等；所执行的装配动作也很简单，例如铆接、充填等。

对于大批量生产（年产量 100 万件以上）来说，专用的装配机械是合算的。工件长度可以大于 100 mm，质量可以超过 50 g。典型的装配对象如电器产品、开关、钟表、圆珠笔、打印机墨盒、剃须刀、刷子等，它们需要各种不同的装配过程。

从创造产品价值的角度来考虑，装配过程可以按时间分为两部分：主装配和辅装配。联接本身作为主装配只占 35%~55% 的时间。所有其他功能，例如给料，均属于辅装配，设计装配方案必须尽可能压缩这部分时间。

自动化装配机械，尤其是经济的和具有一定柔性的自动化装配机械，被称为高技术产品。按其不同的结构方式常被称为"柔性特种机械"或"柔性节拍通道"。圆形回转台式自动化装配机由于其较高的运转速度和可控的加速度而备受青睐。环台式装配机械，无论是环内操作还是环外操作或二者兼备的结构，都是很实用的结构方式。

现代技术的发展使得人们能够为复杂的装配功能找到解决的方法。尽管如此，全自动化的装配至今仍然只是在有限的范围是现实的和经济的。由于装配机械比零件制造机械具有更强的针对性，因而装配机械的采用更需要深思熟虑，需要做大量的准备工作，不能简单片面地追求自动化，而应本着实用可靠而又能适应产品的发展的原则，采用适当的自动化程度，应用现代的计划方法和控制手段。

（三）装配自动化的发展概况

自动装配系统大致经历了三个发展阶段。

最初是采用传统的机械开环控制单元。例如，操作程序由分配轴把操作时间运动行程信息都记录在凸轮上。

第二个阶段的自动装配系统，控制单元采用了预调顺序控制器，或者采用可编程序控制器，操作时间分配和运动行程摆脱了机械刚性的控制方法。由于采用微电子器件，各种信息都编制在控制程序中，不仅调整方便，而且提高了系统的可靠性。

发展到第三阶段，产生了所谓的装配伺服系统。控制单元配备了带有智能电子计算机的可编程序控制器，能发出改变操作顺序的信号，根据程序给出的命令和反馈信息，使操作条件或动作维持在设计的最佳状态。

对于精密零件的自动装配，必须提高夹具的定位精度和装配工具的柔顺性。为提高定位精度，可采用带有主动自适应反馈的位置控制器，通过光电传感视觉设备、接触压力传感器等对答件的定位误差进行测量，并采用计算机控制的伺服执行机构进行修正。这种伺服装配工具和夹具可进行精密装配。目前，定位精度在 0.01 mm 的自动装配机已得以应用。

产品更新周期的缩短，要求自动装配系统具有柔性响应，20 世纪 80 年代出现了柔性装配系统（FAS）。FAS 是一种计算机控制的自动装配系统，它的主要组成是装配中心和装配机器人，使装配过程通过传感技术和自动监控实现了无人操作。具有各种不同结构能力和智能的装配机器人是 FAS 的主要特征。柔性装配是自动装配技术的发展方向，采用柔性装配不仅可提高生产率、降低成本、保证产品质量一致性，更重要的是能提高适应多品种小批量的产品应变能力。

今后一段时间内，装配自动化技术将主要向以下两方面发展。

（1）与近代基础技术互相结合、渗透，提高自动装配装置的性能。近代基础技术，特别是控制技术和网络通信技术的进一步发展，为提高自动装配装置的性能打下了良好的基础。装配装置可以引入新型、模块化、标准化的控制软件，发展新型软件开发工具；应用新的设计方法，提高控制单元的性能；应用人工智能技术，发展、研制具有各种不同结构能力和智能的装配机器人，并采用网络通信技术将机器人和自动加工设备相连以得到较高的生产率。

（2）进一步提高装配的柔性，大力发展柔性装配系统 FAS。在机械制造业中，CNC、FMC、FMS 的出现逐步取代了传统的制造设备，大大提高了加工的柔性。新兴的生产哲理 CIMS 使制造过程必须成为是用计算机和信息技术把经营决策、设计、制造、检测、装配以及售后服务等过程综合协调为一体的闭环系统。但如果只有加工技术的自动化，没有装配技术的自动化，FMS、CIMS 就不能充分发挥作用。装配机器人的研制成功、FMS 的应用以及 CIMS 的实施，为自动装配技术的开发创造了条件；产品更新周期的缩短，要求自动装配系统具有柔性响应，需要柔性装配系统来使装配过程通过自动监控、传感技术与装配机器人结合，实现无人操作。

（四）装配自动化的基本要求

要实现装配自动化，必须具备一定的前提条件，主要有如下几个方面。

1. 生产纲领稳定，且年产量大、批量大，零部件的标准化、通用化程度较高

生产纲领稳定是装配自动化的必要条件。目前，自动装配设备基本上还属于专用设

备，生产纲领改变，原先设计制造的自动装配设备就不再适用，即使修改后能加以使用，也将造成设备费用增加，耽误时间，在技术上和经济上都不合理。年产量大、批量大，有利于提高自动装配设备的负荷率。零部件的标准化、通用化程度高，可以缩短设计、制造周期，降低生产成本，有可能获得较高的技术经济效果。

与生产纲领有联系的其他一些因素，如装配件的数量、装配件的加工精度及加工难易程度、装配复杂程度和装配过程劳动强度、产量增加的可能性等，也会对装配自动化的实现产生一定影响。

2. 产品具有较好的自动装配工艺性

尽量要做到：结构简单，装配零件少；装配基准面和主要配合面形状规则，定位精度易于保证；运动副应易于分选，便于达到配合精度；主要零件形状规则、对称，易于实现自动定向等。

3. 实现装配自动化以后，经济上合理，生产成本降低。

装配自动化包括零部件的自动给料、自动传送以及自动装配等内容，它们相互紧密联系。其中：自动给料包括装配件的上料、定向、隔料、传送和卸料的自动化；自动传送包括装配零件由给料口传送至装配工位的自动传送，以及装配工位与装配工位之间的自动传送；自动装配包括自动清洗、自动平衡、自动装入、自动过盈联接、自动螺纹联接、自动粘接和焊接、自动检测和控制、自动试验等。

所有这些工作都应在相应控制下，按照预定方案和路线进行。实现给料、传送、装配自动化以后，就可以提高装配质量和生产效率，产品合格率高，劳动条件改善，生产成本降低。

（五）实现装配自动化的途径

1. 产品设计时应充分考虑自动装配的工艺性

适合装配的零件形状对于经济的装配自动化是一个基本的前提。如果在产品设计时不考虑这一点，就会造成自动化装配成本的增加，甚至设计不能实现。产品的结构、数量和可操作性决定了装配过程、传输方式和装配方法。机械制造的一个明确的原则就是"部件和产品应该能够以最低的成本进行装配"。因此，在不影响使用性能和制造成本的前提下，合理改进产品结构往往可以极大地降低自动装配的难度和成本。

工业发达的国家已广泛推行便于装配的设计准则。该准则主要包含两方面的内容：一是尽量减少产品中的单个零件的数量，结构方面的一个区别是分立方式还是集成方式，集成方式可以实现元件最少，维修也方便；二是改善产品零件的结构工艺性，层叠式和鸟巢式的结构对于自动化装配是有利的。基于该准则的计算机辅助产品设计软件也已开发成功。目前，发达国家便于装配的产品结构设计不亚于便于数控加工的产品结构设计。实践证明，提高装配效率、降低装配成本、实现装配自动化的首要任务应是改进产品结构的设计。因此，我们在新产品的研制开发中，也必须贯彻装配自动化的设计准则，把产品设计和自动装配的理论在实践中相结合，设计出工艺性（特别是自动装配工艺性）良好的产品。

2. 研究和开发新的装配工艺和方法

鉴于装配工作的复杂性和自动装配技术相对于其他自动化制造技术的相对滞后，必须对自动装配技术和工艺进行深入的研究，注意研究和开发自动化程度不一的各种装配方法。如对某些产品，研究利用机器人、附隆的自动化装配设备与人工结合等方法，而不盲目追求全盘自动化，这样有利于得到最佳经济效益。此外，还应加强基础研究，如对合理配合间隙或过盈量的确定及控制方法，装配生产的组织与管理等，开发新的装配工艺和技术。

3. 设计制造自动装配设备和装配机器人

要实现装配过程的自动化，就必须制造装配机器人或者刚性的自动装配设备。装配机器人是未来柔性自动化装配的重要工具，是自动装配系统最重要的组成部分。各种形式和规格的装配机器人正在取代人的劳动，特别是对人的健康有害的操作以及特殊环境（如高辐射区或需要高清洁度的区域）中进行的工作。

刚性自动装配设备的设计，应根据装配产品的复杂程度和生产率的要求而定。一般三个以下的零件装配可以在单工位装配设备上完成，超过三个以上的零件装配则在多工位装配设备上完成。装配设备的循环时间、驱动方式以及运动设计都受产品产量的制约。

自动装配设备必须具备高可靠性，研制阶段必须进行充分的工艺试验确保装配过程自动化形式和范围的合理性。在当前生产技术水平下，需要研究和开发自动化程度不一的各种装配方法，如对某些产品，研究利用机器人、刚性的自动化装配设备与人工结合等装配方法。

二、自动装配工艺过程分析和设计

（一）自动装配条件下的结构工艺性

结构工艺性是指产品和零件在保证使用性能的前提下，力求能够采用生产率高、劳动量小和生产成本低的方法制造出来。自动装配工艺性好的产品零件，便于实现自动定向、自动供料、简化装配设备、降低生产成本。因此，在产品设计过程中，应采用便于自动装配的工艺性设计准则，以提高产品的装配质量和工作效率。

在自动装配条件下，零件的结构工艺性应符合便于自动供料、自动传送和自动装配三项设计原则。

1. 便于自动供料

自动供料包括零件的上料、定向、输送、分离等过程的自动化。为使零件有利于自动供料，产品的零件结构应符合以下各项要求。

（1）零件的几何形状力求对称，便于定向处理。

（2）如果零件由于产品本身结构要求不能对称，则应使其不对称程度合理扩大于自动定向。如质量、外形、尺寸等的不对称性。

（3）零件的一端做成圆弧形，这样易于导向。

（4）某些零件自动供料时，必须防止镶嵌在一起。如有通槽的零件，具有相同内外锥度表面时，应使内外锥度不等，防止套入"卡住"。

2. 利于零件自动传送

装配基础件和辅助装配基础件的自动传送，包括给料装置至装配工位以及装配工位之间的传送。其具体要求如下。

（1）为易于实现自动传送，零件除具有装配基准面以外，还需考虑装夹基准面，供传送装置装夹或支承。

（2）零部件的结构应带有加工的面和孔，供传送中定位。

（3）零件外形应简单、规则、尺寸小、重量轻。

3. 利于自动装配作业

（1）零件的尺寸公差及表面几何特征应保证按完全互换的方法进行装配。

（2）零件数量尽可能少，同时应减少紧固件的数量。

（3）尽量减少螺纹联接，采用适应自动装配条件的联接方式，如采用粘接、过盈、焊接等。

（4）零件上尽可能采用定位凸缘，以减少自动装配中的测量工作，如将压配合的光轴用阶梯轴代替等。

（5）基础件设计应为自动装配的操作留有足够的位置。例如自动旋入螺钉时，必须为装配工具留有足够的自由空间。

（6）零件的材料若为易碎材料，宜用塑料代替。

（7）为便于装配，零件装配表面应增加辅助定位面。

（8）最大限度地采用标准件和通用件。这样不仅可以减少机械加工，而且可以加大装配工艺的重复性。

（9）避免采用易缠住或易套在一起的零件结构，不得已时，应设计可靠的定向隔离装置。

（10）产品的结构应能以最简单的运动把零件安装到基准零件上去。最好是使零件沿同一个方向安装到基础件上去，这样在装配时没有必要改变基础件的方向，以减少安装工作量。

（11）如果装配时配合的表面不能成功地用作基准，则在这些表面的相对位置必须给出公差，且使在此公差条件下基准误差对配合表面的位置影响最小。

（二）自动装配工艺设计的一般要求

自动装配工艺比人工装配工艺设计要复杂得多，通过手工装配很容易完成的工作，有时采用自动装配却要设计复杂的机构与控制系统。因此，为使自动装配工艺设计先进可靠，经济合理，在设计中应注意如下几个问题。

1. 自动装配工艺的节拍

自动装配设备中，多工位刚性传送系统多采用同步方式，故有多个装配工位同时进行装配作业。为使各工位工作协调，并提高装配工位和生产场地的效率，必然要求各工位装配工作节拍同步。

装配工序应力求可分，对装配工作周期较长的工序，可同时占用相邻的几个装配工位，使装配工作在相邻的几个装配工位上逐渐完成来平衡各个装配工位上的工作时间，使各个装配工位的工作节拍相等。

2. 除正常传送外宜避免或减少装配基础件的位置变动

自动装配过程是将装配件按规定顺序和方向装到装配基础件上。通常，装配基础件需要在传送装置上自动传送，并要求在每个装配工位上准确定位。因此，在自动装配过程中，应尽量减少装配基础件的位置变动，如翻身、转位、升降等动作，以避免重新定位。

3. 合理选择装配基准面

装配基被面通常是精加工面或是面积大的配合面，同时应考虑装配夹具所必需的装夹面和导向面。只有合理选择装配基准面，才能保证装配定位精度。

4. 对装配零件进行分类

为提高装配自动化程度，就必须对装配件进行分类。多数装配件是一些形状比较规则、容易分类分组的零件。按几何特性，零件可分为轴类、套类、平板类和小杂件四类；再根据尺寸比例，每类又分为长件、短件、匀称件三组。经分类分组后，可采用相应的料斗装置实现装配件的自动供料。

5. 关键件和复杂件的自动定向

形状比较规则的多数装配件可以实现自动供料和自动定向；还有少数关键件和复杂件不易实现自动供料和自动定向，并且往往成为自动装配失败的一个原因。对于这些自动定向十分困难的关键件和复杂件，为不使自动定向机构过分复杂，采用手工定向或逐个装入的方式，在经济上更合理。

6. 易缠绕零件的定量隔离

装配件中的螺旋弹簧、纸箔垫片等都是容易缠绕贴连的，其中尤以小尺寸螺旋弹簧更易缠绕，其定量隔料的主要方法有以下两种。

（1）采用弹射器将绕簧机和装配线衔接其具体特征为：经上料装置将弹簧排列在斜槽上，再用弹射器一个一个地弹射出来，将绕簧机与装配线衔接，由绕簧机统制出一个，即直接传送至装配线，避免弹簧相互接触而缠绕。

（2）改进弹簧结构具体做法是在螺旋弹簧的两端各加两圈紧密相接的簧圈来防止它们在纵向相互缠绕。

7. 精密配合副要进行分组选配

自动装配中精密配合副的装配由选配来保证。根据配合副的配合要求（如配合尺寸、质量、转动惯量等）来确定分组选配，一般可分 3~20 组。分组数多，配合精度越高。选配、分组、储料的机构越复杂，占用车间的面积和空间尺寸也越大。因此，一般分组不宜太多。

8. 装配自动化程度的确定

装配自动化程度根据工艺的成熟程度和实际经济效益确定，具体方法如下。

（1）在螺纹联接工序中，多轴工作头由于对螺纹孔位置偏差的限制较严，又往往要求检测和控制拧紧力矩，导致自动装配机构十分复杂。因此，宜多用单轴工作头，且检测拧紧力矩多用手工操作。

（2）形状规则、对称而数量多的装配件易于实现自动供料，故其供料自动化程度较高；复杂件和关键件往往不易实现自动定向，所以自动化程度较低。

（3）装配零件送入储料器的动作以及装配完成后卸下产品或部件的动作；自动化程度较低。

（4）装配质量检测和不合格件的调整、剔除等项工作自动化程度宜较低，可用手工操作，以免自动检测头的机构过分复杂。

（5）品种单一的装配线，其自动化程度常较高，多品种则较低，但随着装配工作头的标准化、通用化程度的日益提高，多品种装配的自动化程度也可以提高。

（6）对于尚不成熟的工艺，除采用半自动化外，还需要考虑手动的可能性；对于采用自动或半自动装配而实际经济效益不显著的工序，宜同时采用人工监视或手工操作。

（7）在自动装配线上，下列各项装配工作一般应优先达到较高的自动化程度。

①装配基础件的工序间传送，包括升降、摆转、翻身等改变位置的传送；

②装配夹具的传送、定位和返回；

③形状规则而又数量多的装配件的供料和传送；

④清洗作业、平衡作业、过盈联接作业、密封检测等工序。

（三）自动装配工艺设计

1. 产品分析和装配阶段的划分

装配工艺的欢度与产品的复杂性成正比，因此设计装配工艺前，应认真分析产品的装配图和零件图。零部件数目大的产品则需通过若干装配操作程序完成，在设计装配工艺时，整个装配工艺过程必须按适当的部件形式划分为几个装配阶段进行，部件的一个装配单元形式完成装配后，必须经过检验，合格后再以单个部件与其他部件继续装配。

2. 基础件的选择

装配的第一步是基础件的准备。基础件是整个装配过程中的第一个零件。往往是先把基础件固定在一个托盘或一个夹具上，使其在装配机上有一个确定的位置。这里基础件是在装配过程只需在其上面继续安置其他零部件的基础零件（往往是底盘、底座或箱体类零件），基础件的选择对装配过程有重要影响。在回转式传送装置或直线式传送装置的自动化装配系统中，也可以把随行夹具看成基础件。

基础件在夹具上的定位精度应满足自动装配工艺要求。例如，当基础件为底盘或底座时，其定位精度必须满足件上各连接点的定位精度要求。

3. 对装配零件的质量要求

这里装配零件的质量要求包括两方面的内容：一是从自动装配过程供料系统的要求出发，要求零件不得有毛刺和其他缺陷，不得有未经加工的毛坯和不合格的零件；另一方面是从制造与装配的经济性出发，对零件精度的要求。

在手工装配时，容易分出不合格的零件。但在自动装配中，不合格零件包括超差零件、损伤害件，也包括泥入杂质与异物，如果没有被分检出来，将会造成很大的损失，甚至会使整个装配系统停止运行。因此，在自动化装配时，限定零件公差范围是非常必要的。

合理化装配的前提之一就是保持零件质量稳定。在现代化大批量生产中，只有在特殊情况下才对零件100%检验，通常采用统计的质量控制方法，零件质量必须达到可接受的水平。

4. 拟定自动装配工艺过程

自动装配需要详细编制工艺，包括绘制装配工艺过程图并建立相应的图表，表示出每个工序对应的工作工位形式。具有确定工序特征的工艺图，是设计自动装配设备的基础，按装配工位和基础件的移动状况的不同，自动装配过程可分为两种类型。

一类为基础件移动式的自动装配线。在这类装配过程中，自动装配设备的工序在对应工位上对装配对象完成各装配操作，每个工位上的动作都有独立的特点，工位之间的变换由传送系统连接起来。

另一类是装配基础件固定式的自动装配中心。在这类装配过程中，零件按装配顺序供料，依次装配到基础件上，这种装配方式，实际上只有一个装配工位，因此装配过程中装配基础件是固定的。

每个独立形式的装配操作还可详细分类，如检测工序包括零件就位有无检验、尺寸检验、物理参数测定等；固定工序包括有螺纹联接、压配联接、铆接、焊接等。同时，确定完成每个工序的时间，即根据联接结构、工序特点、工作头运动速度和轨迹、加工或固定的物理过程等来分别确定各工序时间。

5. 确定自动装配工艺的工位数量

拟定自动装配工艺从采用工序分散的方案开始，对每个工序确定其工作头及执行机构的形式及循环时间。然后研究工序集中的合理性和可能性，减少自动装配系统的工位数量。如果工位数量过多，会导致工序过于集中，而使工位上的机构太复杂，既降低了设备的可靠性，也不便于调整和排除故障，还会影响刚性联接（无缓冲）自动装配系统的效率。

确定最终工序数量（即相应的工位数）时，应尽量采用规格化传送机构，并留有几个空工值，以预防产品结构估计不到的改变，随时可以增加附加的工作结构。加工艺过程需10个工序，可选择标准系列12工位周期旋转工作台的自动装配机。

6. 确定各装配工序时间

自动装配工艺过程确定后，可分别根据各个工序工作头或执行机构的工作时间，在规格化和实验数据的基础上，确定完成单独工序的规范。每个单独工序的持续时间为：

$$t_i = t_T + t_x + t_y \tag{7-1}$$

式中：t_T——完成工序所必需的操作时间；

t_x——空行程时间（辅助运动）；

t_y——系统自动化元件的反应时间。

通常，单独工序的持续时间可用于预先确定自动装配设备的工作循环的持续时间。这对同步循环的自动装配机设计非常有用。

如果分别列出每个工序的持续时间，则可以帮助我们区分出哪个工位必须改变工艺过程参数或改变完成辅助动作的机构；以减少该工序的持续时间，使各工序实现同步。

根据单个工序中选出的最大持续时间 t_{max}，再加上辅助时间 t'，便可得到同步循环时间为：

$$t_s = t_{max} + t' \tag{7-2}$$

式中：t'——完成工序间传送运动所消耗的时间。

实际的循环时间可以比该值大一些。

7. 自动装配工艺的工序集中

在自动装配设备上确定工位数后，可能会发生装配工序数量超过工位数量的情况。此时，如果要求工艺过程在给定工位数的自动装配设备上完成，就必须把有关工序集中，或者把部分装配过程分散到其他自动装配设备上完成。

工序集中有以下两种方法。

（1）在自动装配工艺图中找出工序时间最短的工序并校验其附加在相邻工位上完成的合理性和工艺可能性。

（2）对同时兼有几个工艺操作的可能性及合理性进行研究，也就是在自动装配设备的一个工位上平行进行几个连贯工序。这个工作机构的尺寸应允许同时把几个零件安装或固定在基础件上。

工序过于集中会导致设备过于复杂，可靠性降低，调整、检测和消除故障都较为困难。

8. 自动装配工艺过程的检测工序

检测工序是自动装配工艺的重要组成部分，可在装配过程中同时进行检测，也可单设工位用专用的检测装置来完成检验工作。

自动装配工艺过程的检测工序，可以查明有无装配零件，是否就位，也可以检验装配部件尺寸（如压深）；在利用选配法测量零件时，也可以检测固定零件的有关参数（例如螺纹联接的力矩）。

检测工序一方面保证装配质量，另一方面便装配过程中由于各故障原因引起的损失减为最小。

三、自动装配机的部件

（一）运动部件

装配工作中的运动包括三方面的物体的运动：①基础件、配合件和联接件的运动；②装配工具的运动；③完成的部件和产品的运动。

运动是坐标系中的一个点或一个物体与时间相关的位置变化（包括位置和方向），输送或联接运动可以基本上划分为直线运动和旋转运动。因此每一个运动都可以分解为直线单位或旋转单位，它们作为功能载体被用来描述配合件运动的位置和方向以及联接过程。按照联接操作的复杂程度，联接运动常被分解成三个坐标轴方向的运动。

重要的是配合件与基础件在同一坐标轴方向运动，具体由配合件还是由基础件实现这一运动并不重要。工具相对于工件运动，这一运动可以由工作台执行，也可以由一个模板带着配合件完成，还可以由工具或工具、工件双方共同来执行。

（二）定位机构

由于各种技术方面的原因（惯性、摩擦力、质量改变、轴承的润滑状态），运动的物体不能精确地停止。装配对定位机构的要求非常高，它必须能承受很大的力量，还必须能精确地工作。

（三）联接方法

在设计人员设计产品时，联接方式就被确定了。由于可以采用的联接结构很多，所以联接方式也必然是多样的，对于那些结构复杂的产品，越来越多的各种不同的联接方法被采用。

1. 螺纹联接

螺纹联接工他用来完成螺钉、螺母或特殊螺纹的联接。一个自动化的螺纹联接工位应该具有基础件的供应与定位、联接件的供应与定位、旋入轴、旋入定位和进给、旋入工具和工具进给系统、机架、传感器和控制部分、向外部的数据接口等几部分功能。

每一种工作头，只适用一种规格的螺钉。现在人们试图把各种规格的螺钉分成若干组，每一种工作头适用于一组规格的螺钉，这样工作头的种类就可以少一些。

整个工位的中心是控制部分。在每一个工作循环之前都要进行全面检测，以保证各个环节和外部设备的功能。经检测证明一切正常之后工作循环才能开始。

在目的的自动化装配工作中，凡是重要的螺纹联接，其全部过程都是采用电子技术监测和控制的，以此保证装配的质量。例如旋入力矩、旋转角和其他族人过程的诸项参数等都被随时监测。

越来越多的螺钉端部带有引导锥，且在螺钉头部压出一个法兰，这些都是为了满足自动化装配的要求。

2. 压人联接

压入动作一般是垂直的，在零件重量大的情况下也采用卧式。如同螺纹联接的情况一样，压入之前必须使配合件与基础件中心对准。

压入联接的质量完全取决于压入过程本身。压入过程的监控是通过几个可编程的监控窗来实现的。压入的过程中四个环节是被监控的，包括认人过程、压入过程、过程压力、路径和终点控制等。

整个系统的安全是由一套内装的监测系统来保证的。

经常碰到的压人联接方式是一经定位，立即压入，这是一种简单压入。

滚动轴承的压装说到底是把事先联接到一起的两个环状零件套装到轴上，套装之后，基础件的夹具放松，以便定向轴的中心顶尖能够真正与基础件中心孔对准，为后续的装配做好准备。

压力可以由不同的能量转换方式产生，压力单元的驱动可以是气动、液压、机械动力。

四、自动装配机械

支配机是一种按一定时间节拍工作的机械化的装配设备。有时也需要手工装配与之装配机所完成的任务是把配合件往基础件上安装，并把完成的部件或产品取下来。随着自动化的向服展，装配工作（包括至今为止仍然靠手工完成的工作）可以利用机器来实现，产生了一种自动化的装配机械，即实现了装配制动化。自动装配机械按类型分，可分为单位装配机与多工位装配机两种。为了解决中小批量生产中的装配问题，人们进一步发明了可编程的自动化的装配机，即装配机器人。它的应用不再是只能严格地适应一种产品的装配，而是能够通过调整完成相似的装配任务。

（一）单工位自动装配机

单工位装配机是指这样的装配机：它只有单一的工位，没有传送工具的介入，只有一种或几种装配操作。这种装配机的应用多限于只由几个零件组成而且不要求有复杂的装配动作的简单部件。在这种装配机上同时进行几个方向的装配是可能的而且是经常使用的方法。这种装配机的工作效率可达到每小时 30~12 000 个装配动作。单工位装配机在一个工位上执行一种或几种操作，没有基础件的传送，比较适合于在基础件的上方定位并进行装配操作。其优点是结构简单，可以装配最多由 6 个零件组成的部件。通常适用于两到三个零部件的装配，装配操作必须按顺序进行。

（二）多工位自动装配机

对三个零件以上的产品通常用多工位装配机进行装配，装配操作由各个工位分别承担。多工位装配机需要设置工件传送系统，传送系统一般有回转式或直进式两种。工位的多少由操作的数目来决定，如进料、装配、加工、试验、调整、堆放等。传送设备的规模和范围由各个工位布置的多种可能性决定。各个工位之间有适当的自由空间，使得一旦发生故障，可以方便地采取补偿措施。一般螺钉拧入、冲压、成形加工、焊接等操作的工位与传送设备之间的空间布置小于零件送料设备与传送设备之间的布置。

装配机的工位数多少基本上已决定了设备的利用率和效率。装配机的设计又常常受工件传送装置的具体设计要求制约。这两条规律是设计自动装配机的主要依据。

检测工位布置在各种操作工位之后，可以立即检查前面操作过程的执行情况，并能引入辅助操作措施。检测工位有利于避免自动化装配操作的各种失误动作，从而保护设备和零件。

多工位自动装配机的控制一般有行程控制和时间控制两种。行程控制常常采用标准气动元件，其优点是大多数元件可重复使用。

（三）工位间传送方式

装配基础件在工位间的传送方式有连续传送和间歇传送两类。

带往复式装配工作头的连续传送方式。装配基础件连续传送，工位上装配的工作头也随之同步移动。对直线型传送装置，工作头需作往复移动；对回转式传送装置，工作头需作往复回转。装配过程中，工件连续恒速传送，装配作业与传送过程重合，故生产速度高，节奏性强，但不便于采用固定式装配机械，装配时工作头和工件之间相对定位有一定困难。目前除小型简单工件采用连续传送方式外，一般都使用间歇式传送方式。

间歇传送中，装配基础件由传送装置按节拍时间进行传送，装配对象停在装配工位上进行装配水业一完成即传送至下一工位，便于采用固定式装配机械，避免装配作业受传送平稳性的影响。按节拍时间特征，间歇传送方式又可以分为同步传送和非同步传送两种。

间歇传送大多数是同步传送，即各工位上的装配件每隔一定的节拍时间都同时向下一工位移动。对小型工件来说，由于装配夹具比较轻小，传送时间可以取得很短，因此实用上对小型工件和节拍小于十几秒的大部分制品的装配，可采取这种固定节拍的同步传送方式。

同步传送方式的工作节拍是最长的工序时间与工位间传送时间之和，工序时间较短的其他工位上存在一定的等工浪费，并且一个工位发生故障时，全线都会受到停车影响。为此，可采用非同步传送方式。

非同步传送方式不但允许各工位速度有所波动，而且可以把不同节拍的工序组织在一个装配线中，使平均装配速度趋于提高，而且个别工位出现短时间可以修复的故障时不会影响全线工作，设备利用率也得以提高，适用于操作比较复杂而又包括手工工位的装配线。

实际使用的装配线中，各工位完全自动化常常是没有必要的，因技术上和经济上的原因，多数以采用一些手工工位较为合理，因而非同步传送方式就采用得越来越多。

（四）装配机器人

随着科学技术的不断进步，工业生产取得很大发展，工业产品大批量生产，机械加工过程自动化得到广泛应用，同时对产品的装配也提出了自动化、柔性化的要求。为此目的而发展起来的装配机器人也取得了很大进展，技术上越来越成熟，逐渐成为自动装配系统中重要的组成部分。

一般来说，要实现装配工作，可以用人工、专用装配机械和机器人三种方式。如果以装配速度来比较，人工和机器人都不及专用装配机械。如果装配作业内容改变频繁，那么采用创器人的投资将要比专用装配机械经济。此外，对于大量、高速生产，采用专用装配机械最有利。但对于大件、多品种、小批量、人力又不能胜任的装配工作，则采用机器人最合适。

能适应自动装配作业需要的机器人应具有工作速度和可靠性高、通用性强、操作和维修容易、人工容易介入，以及成本及售价低、经济合理等特点。

装配机器人可分为伺服型和非伺服型两大类。非伺服型装配机器人指机器人的每个坐标的运动通过可调挡块由人工设定，因而每个程序的可能运动数目是坐标数的两倍；伺服型装配机器人的运动完全由计算机控制，在一个程序内，理论上可有几千种运动。此外，伺服型装配机器人不需要调整终点挡块，不管程序改变多少，都很容易执行。非伺服型和伺服型装配机器人都是微处理器控制的。不过，在非伺服机器人中，它控制的只是动作的顺序；而对伺服机器人，每一个动作、功能和操作都是由微处理器发信和控制的。

机器人的驱动系统，传统上的做法是伺服型采用液压的，非伺服型采用气动的。现在的趋势是用电气系统作为主驱动，特别是新型机器人。液压驱动不可避免地有泄漏问题，只有一些大功率的机器人现在和将来都要用液压驱动。气动系统装配质量较小、功率较小、噪声较小、整洁、结构紧凑，对秉性装配系统来说更为合适。非伺服型采用可调终点挡块，能获得很高的精度，因此可应用它进行精密调整。

装配机器人的控制方式有点位式、轨迹式、力（力矩）控制方式和智能控制方式等。装配机器人主要的控制方式是点位式和力（力矩）控制方式。对于点位式而言，要求装配机器人能准确控制末端执行器的工作位置，如果在其工作空间内没有障碍物，则其路径不是重要的。这种方式比较简单。力（力矩）控制方式要求装配机器人在工作时，除了需要准确定位外，还要求使用适度的力和力矩进行工作，装配机器人系统中必须有力（力矩）传感器。

五、自动装配线

（一）自动装配线的概念和组合方式

自动装配线是在流水线的基础上逐渐发展起来的机电一体化系统，是综合应用了机械技术、计算机技术、传感技术、驱动技术等技术，将多台装配机组合，然后用自动输送系统将装配机相连接而构成的。它不仅要求各种加工装置能自动完成各道工序及工艺过程，而且要求在装卸工件、定位夹紧、工件在工序间的输送甚至包装都能自动进行。自动装配线的组合方式有刚性的和松散的两种形式。如果将零件或随行夹具由一个输送装置直接从一台装配机送到另一台装配机，就是刚性组合，但是，应尽可能避免采用刚性组合方式。松散式组合需要进行各输送系统之间的相互连接，输送系统要在各装配机之间有一定的灵活性和适当的缓冲作用。自动装配线应尽可能采用松散式组合。这样，当单台机器发生故障时，可避免整个生产线停工。

（二）自动装配线对输送系统的要求

自动装配线对其输送系统有以下两个基本要求。

（1）产品或组件在输送中能够保持它的排列状态。

（2）输送系统有一定的缓冲量。

如果装配的零件和组件在输送过程中不能保持规定的排列状态，则必须重新排列。但对于装配组件的重排列，在形式和准确度方面，一般是很难达到的，而且重排列要增加成本，并可能导致工序中出现故障，因此要尽量避免重排列。

对于较大的组件，靠输送机输送带的长度不能达到要求的缓冲容量时，可以使用多层缓冲器。为了增大装配线的利用率，不仅需要在输送带上缓冲载有零件的随行夹具，而且也要缓冲返回运动中输送带上的空的随行夹具，这样才能保证在第二台装配机上发生短期故障时第一台装配机不因缺少空的随行夹具而停止工作。

（三）自动装配线与手工装配点的集成

在自动装配线内常常加入手工装配点，这是由于零件的设计或定向定位的原因，这些零件不能自动排列、自动供料，必须要以手动方法来操作；或由于装配工作有很复杂的操作，采用自动化很不经济，必须设置不同结构的手工装配点。

六、柔性装配系统

（一）组成

产品更新周期缩短、批量减小、品种增多，要求自动装配系统具有柔性响应，进而出现了柔性装配系统。柔性装配系统具有相应的柔性，可对某一特定产品的变型产品按程序编制的随机指令进行装配，也可根据需要增加或减少一些装配环节，在功能、功率和几何形状允许范围内，最大限度地满足一簇产品的装配。

柔性装配系统由装配机器人系统和外围设备构成。外围设备包括灵活的物料搬运系统、零件自动供料系统、工具（手指）自动更换装置及工具库、视觉系统、基础件系统、控制系统和计算机管理系统等。柔性装配系统能自动装配中小型、中等复杂程度的产品，如电动机、水泵、齿轮箱等，特别适应于中、小批量产品的装配，可实现自动装卸、传送、检测、装配、监控、判断、决策等功能。

（二）基本形式及特点

1. 柔性装配系统的基本形式

柔性装配系统通常有两种形式：一种是模块积木式柔性装配系统，另一种是以装配机器人为主体的可编程柔性装配系统。

柔性装配系统按其结构又可分为以下三种。

（1）柔性装配单元

这种单元借助一台或多台机器人，在一个固定工位上按照程序来完成各种装配工作。

（2）多工位的柔性同步系统

这种系统各自完成一定的装配工作，由传送机构组成固定或专用的装配线，采用计算机控制，各自可编程序和可选工位，因而具有柔性。

（3）组合结构的柔性装配系统

这种结构通常要具有三个以上装配功能，是由装配所需的设备、工具和控制装置组合而成，可封闭或置于防护装置内。例如，安装螺钉的组合机构是由装在箱体里的机器人送料装置、导轨和控制装置组成，可以与传送装置联接。

2. 柔性装配系统的特点

总体来说，柔性装配系统有以下特点。

（1）系统能够完成零件的自动运送、自动检测、自动定向、自动定位、自动装配作业等，既适用于中、小批量的产品装配，也适用于大批量生产中的装配。

（2）装配机器人的动作和装配的工艺程序，能够按产品的装配需要，迅速编制成软件，存储在数据库中，所以更换产品和变更工艺方便迅速。

（3）装配机器人能够方便地变换手指和更换工具，完成各种装配操作。

（4）装配的各个工序之间，可不受工作节拍和同步的限制。

（5）柔性装配系统的每个装配工段，都应该能够适应产品变种的要求。

（6）大规模的 FAS 采用分级分布式计算机进行管理和控制。

七、微型机器人装配系统

（一）概述

1. 微机器人的发展及应用

随着纳米技术的迅猛发展，其研究对象不断向微细化发展。对微小零件进行加工、调整和检查，微机电系统（MEMS）的装配作业等工作，都需要微机器人的参与。在精密机械加工、超大规模集成电路、自适应光学、光纤对接、工业检测、国防军工、医学、生物学（特别是动植物基因工程、农产品改良育种）等领域，需要完成注入细胞融合、微细手术等精细操作，都离不开高精度的微机器人系统。总之，微型机器人是人们探索微观世界不可缺少的重要工具。

微型机器人也是当今机器人技术的一个重要发展方向。在许多领域内具有广阔的应用前景，近年来，微电子机械系统及其相关技术的飞速发展（如信息处理和控制电路的微型化、微传感器及电磁型超微马达的研制成功），为微型机器人系统的研究奠定了坚实的基础，使得代替人类进行微小作业的机器人正在逐步变成现实，并将在未来形成一个新的产业。

2. 微型工厂

微型元件的装配，如微系统、微机器和集成光学装置，需要新的专用操作装置，这些装置必须有亚微米级的分辨率和精度，且必须具有极高的可靠性。而且，为了适应许多不同的微装配任务必须模块化并具有一定的柔性。于是，就提出了微型工厂的概念。

尽管越来越趋向于发展高度集成化的 MEMS 设备，但未来的微系统产品将仍需要装配技术。这将不断要求革新微操作技术和精密装配自动化。

从 20 世纪 90 年代开始，微系统制造业对生产工具（机械和生产线等）微型化的要求越来越紧迫，主要是减少重量、容积、能量消耗，最终减少生产成本。除了这些优点外，在避免振动或温度波动等环境干扰的抗干扰性方面，微系统都能得到很好的改善。为了降低微小产品制造过程中维持洁净空间所花费的成本，操作者应该站在生产空间之外。

（二）微机器人分类

1. 分类方法

微型机器和微型机器人被称为 21 世纪的尖端技术之一，这一领域的研究已引起了世界各国的普遍关注。根据不同的要求，发展了各种各样的微机器人，也可有许多分类方法。

（1）按尺寸分类

①外形 1~10 mm 的称为小型机器人。

②外形 1~1 000 μm 的称为微机器人。

③外形 1~1 000 nm 的称为纳米机器人。

（2）按机能分类

①微型机器人外形很小，移动精度不要求很高。

②微操作机器人外形未必很小，但其操作尺度极小，精度很高。

③按联接方式分类微机器人按结构不同，可分为并联机器人和串联机器人。

并联机器人与应用广泛的串联机器人相比往往使人感到它并不适合用作机器人，它没有那么大的活动空间，它的活动平台远远不如串联机器人手部来得灵活。的确，并联机构的工作空间有很大局限性，可是，和世界上任何事物都是一分为二的一样，若用并联式的优点比串联式的缺点，也同样令人关注。首先，并联机构的运动平台与机架之间由多条运动支链联接，其末端件与串联的悬臂梁相比，刚度大得多，而且结构稳定；第二，由于刚度大，并联式较串联式在相同的自重或体积下有高得多的承载能力；第三，串联式末端件上的误差是各个关节误差的积累和放大，因而误差大而精度低，并联式没有那样的积累和放大关系，误差小而精度高；第四，串联式机器人的驱动电动机及传动系统大都放在运动着的大小臂上，增加了系统的惯性，恶化了动力性能，而并联式则很容易将电动机置于机座上，减小了运动负荷；第五，在位置求解上，串联机构正解容易，但反解十分困难，而并联机构正解困难反解却非常容易，而由于机器人的在线实时计算是要计算反解的，这就对串联式十分不利，而并联式却容易实现。

④按用途分类按其用途不同，可分为用于微操作的微型机器人和用于微装配技术的微型机器人。

微操作技术是指末端工具在一个较小的工作空间内（如厘米尺度）进行系统精度达到微米或亚微米的操作。

微操作机器人以亚微米、纳米运动定位技术为核心，在较小空间中进行精密操作作业的装置，可以应用于生物显微操作、微电子制造、纳米加工等领域，将对 21 世纪人类的生产和生活方式产生革命式的影响，对国民经济建设和国防具有重要的意义。

2. 并联微机器人

并联机器人的工作盘与底盘通过若干运动链联接，每个运动支链承受的载荷较小，整体结构刚度得以提高，允许的载荷与输出力随之提高。由于各运动支链相互并联，一条运动支链中某一构件的制造尺寸误差可以得到补偿。由于并联机器人的驱动部分可以安量在底座上，运动部分的质量得以减少，被操作对象的质量与机器人质量之比提高，动力学性能得到改善。由于驱动部分安置在底座上，实现了能量供应部分及信号传递部分与工作空间的隔离，减少了干扰，提高了安全性。

并联机构固有的缺点是：其工作空间与结构空间之比，比串联机器人小得多，工作盘的方向也限制在一个较小的范围。运动副转角的限制又进一步缩小了工作空间与结构空间之比。并联机构的复杂性使得其结构优化和安全运行的难度都增加了。为了监控和避免结构内部构件的冲突和工作空间内的奇异状态，必然增加机器人的成本。由于并联机器人构件几何参数之间的复杂关系，为了获得优越的运动学和动力学性能，其结构优化过程就需要较高的成本。这一问题的解决主要依赖于数学理论的研究和计算机技术的发展。

并联机器人因其结构紧凑、设计加工简单、温度灵敏度不高、误差积累及放大小、固有频率高，避免了由震动引起的不可控重复误差等特点，在微机器人中得到广泛的应用。另外，串并联机器人也已经出现。

并联机器人在有一定特殊要求的场合可以发挥其他机器人不可替代的作用。例如，在被限制的小空间里要求很高的定位精度和运动速度，同时又要求较大的操作力时，多使用并联机器人。串联机器人，由于其柔性和动作灵活性，适合执行焊接、喷漆等任务。并联机器人由于其较高的刚度、运动速度和精度而适用于医疗技术和微装配。

与传统的串联机器人相比，并联机器人在结构材料方面所投入的成本要少。

第八章　机械制造控制系统的自动化

第一节　机械自动化制造的控制系统

在自动化制造系统中，为了实现机械制造设备、制造过程及管理和计划调度的自动化，就需要对这些控制对象进行自动控制。作为自动化制造系统的子系统——自动化制造的控制系统，是整个系统的指挥中心和神经中枢，根据制造过程和控制对象的不同，先进的自动化制造系统多采用多层计算机控制的方法来实现整个制造过程及制造系统的自动化制造，不同层次之间可以采用网络化通信的方式来实现。

一、概述

（一）控制系统的基本组成

控制系统是制造过程自动化的最重要组成部分。一般而言，控制系统是指用控制信号（输入量）通过系统诸环节来控制被控量（输出量），使其按规定的方式和要求变化的系统。

不难看出，一般控制系统的控制过程为检测与转换装置将被控量检测并转换为标准信号，在系统受到干扰影响时，检测信号与设定值之间将存在偏差，该偏差通过控制器调节按一定的规律运行，控制器输出信号驱动执行机构改变操作变量，使被控量与设定值保持一致。可见，简单的控制系统是由控制器、执行机构、被控对象及检测与转换装置所构成的整体。

检测与转换装置用于检测被控量，并将检测到的信号转换为标准信号输出。例如，用于温度测量的热电阻或热电偶、压力传感器和液位传感器等。

控制装置用于检测装置输出信号与设定值进行比较，按一定的控制规律对其偏差信号进行运算，运算结果输出到执行机构。控制器可以采用模拟仪表的控制器或由微处理器组成数字控制器。

执行机构是控制系统环路中的最终元件，直接用于控制操作变量变化，驱动被控对象运动，从而使被控量发生变化，常用的执行元件有电动机、液压马达、液压缸等。

被控对象是控制系统所要操纵和控制的对象。如换热器、泵和液位储罐等。

（二）机械制造自动化控制系统的基本类型

机械制造自动化控制系统有多种分类方法，本书主要介绍以下几种。

1. 按给定量规律分类

（1）恒值控制系统

在这种系统中，系统的给定输入量是恒值，它要求在扰动存在的情况下，输出量保持恒定。因此分析设计的重点是要求具有良好的抗干扰性能。

（2）程序控制系统

输入量是已知的时间函数，将输入量按其变化规律编制成程序，由程序发出控制指令，系统按照控制指令的要求运动。数控机床控制系统的输入是按已知的图纸要求编制的加工指令，以数控程序的形式输入到计算机中，同时在与刀盘相连接的位置传感器将刀具的位置信号变换成电信号，经过 A/D（模—数转换器）转换成数字信号，作为反馈信号输入计算机。计算机根据输入—输出信号的偏差进行综合运算后输出数字信号，送到 D/A（数—模转换器）转换成模拟信号，该模拟信号经放大器放大后，控制伺服电机驱动刀具运动，从而加工出图纸所要求的工件形状。

（3）随动系统（伺服系统）

这种系统的给定量是时间的未知函数，即给定量的变换规律事先无法准确确定。但要求输出量能够准确、快速复现瞬时给定值，这是分析和设计随动系统的重点。国防工业的火炮跟踪系统、雷达导引系统、机械加工设备的伺服机构、天文望远镜的跟踪系统等都属于这类系统。

2. 按控制方式分类

（1）开环控制系统

开环控制系统的特点是系统的输出与输入信号之间没有反馈回路，输出信号对控制系统无影响。开环控制系统结构简单，适用于系统结构参数稳定，没有扰动或扰动很小的场合。电动机拖动负载开环控制系统的工作原理是：当电位器给出一定电压 U_v 后，晶闸管功率放大器的触发电路便产生一系列与电压 U_v 相对应的、具有一定相位的触发脉冲去触发晶闸管，从而控制晶闸管功率放大器输出电压 U_a。由于电动机 D 的励磁绕组中加的恒定励磁电流 i_f，因此随着电枢电压 U_a 的变化，电动机便以不同的速度驱动负载运动。如果要求负载以恒定的转速运行，则只需给定相应的恒定电压即可。

（2）闭环控制系统

系统的输出量对控制作用有直接影响的系统称为闭环控制系统。电动机拖动负载闭环控制系统控制目的为保持电动机以恒定的转速运行。CF 为测速发电机，其输出电压正比于负载的转速 n，即 $U_{CF} = K_c n$。电压 U_r 为给定基准电压，其初值与电动机转速的期望值相对应。将 U_{CF} 反馈到系统输入端与 U_r 进行比较，观察负载转速并判断其是否与期望值发生偏差。在这一过程中，U_r 是系统的控制量（或控制信号），电压 U_{CF} 则是与被控量成正比的反馈量（或反馈信号）。反馈量 U_{CF} 与控制量 U_r 比较后得到电压差（偏差量）$\Delta U = U_r - U_{CF}$，如 $\Delta U \neq 0$，表明电动机转速在扰动量影响下偏离其期望值。

3. 按系统中传递信号的性质分类

（1）连续控制系统

连续控制系统是指系统中传递的信号都是模拟信号，控制规律一般是用硬件组成的控制器实现的，描述此种系统的数学工具是微分方程和拉氏变换。

（2）离散控制系统

离散控制系统是指系统中传递的信号是数字信号，控制规律一般用软件实现，通常采用计算机作为系统的控制器。

4. 按描述系统的数学模型分类

（1）线性控制系统

线性控制系统是指可用线性微分方程来描述的系统。

（2）非线性控制系统

非线性控制系统是指不能用线性微分方程来描述的系统。

（三）对控制系统的性能要求

考虑到动态过程在不同阶段的特点，工程上通常从稳定性、准确性、快速性三个方面来评价控制系统的总体精度。

1. 稳定性

稳定性指系统在动态过程中的振荡倾向和系统重新恢复平衡工作状态的能力。稳定的系统中，当输出量偏离平衡状态时，其输出能随时间的增长收敛并回到初始平衡状态。稳定性是保证系统正常工作的前提。

2. 准确性

准确性是就系统过渡到新的平衡工作状态后，或系统受到干扰重新恢复平衡后，最终保持的精度而言，它反映动态过程后期的性能。一般用稳态误差来衡量，具体指系统稳定后的实际输出与希望输出之间的差值。

3. 快速性

快速性是就动态过程持续时间的长短而言，指输出量和输入量产生偏差时，系统消除这种偏差的快慢程度。用于表征系统的动态性能。

由于被控对象具体情况不同，各种控制系统对稳、快、准的要求有所侧重，应根据实际需求合理选择。例如，随动系统对"快"与"准"要求较高，调节系统则对稳定性要求严格。

对一个系统，稳定、准确、快速性能是相互制约的。提高过程的快速性，可能引起系统的强烈振荡；系统的平稳性得到改善后，控制过程又可能变得迟缓，甚至使最终精度很差。

二、顺序控制系统

顺序控制是指按预先设定好的顺序使控制动作逐次进行的控制，目前多用成熟的可编程序控制器来完成顺序控制。

（一）固定程序的继电器控制系统

一般来说，继电器控制系统的主要特点是利用继电器接触器的动合触点（用 K 表示）和动断触点的串、并联组合来实现基本的"与""或""非"等逻辑控制功能。

在继电控制系统中，还常常用到时间继电器（例如延时打开、延时闭合、定时工作等），有时还需要其他控制功能，例如计数等。这些都可以用时间继电器及其他继电器的"与""或""非"触点组合加以实现。

（二）组合式逻辑顺序控制系统

若要克服继电接触器顺序控制系统程序不能变更的缺点，同时使强电控制的电路弱电化，只需将强电换成低压直流电路，再增加一些二极管构成所谓的矩阵电路即可实现。这种矩阵电路的优点在于：一个触点变量可以为多个支路所公用，而且调换二极管在电路中的位置能够方便地重组电路，以适应不同的控制要求。这种控制器一般由输入、输出、矩阵板（组合网络）三部分组成。

1. 输入部分

输入部分主要由继电器组成，用来反映现场的信号，例如来自现场的行程开关、按钮、接近开关、光电开关、压力开关以及其他各种检测信号等，并把它们统一转换成矩阵板所能接受的信号送入矩阵板。

2. 输出部分

输出部分主要由输出放大器和输出继电器组成，主要作用是把矩阵送来的电信号变成开关信号，用来控制执行机构。执行机构（如接触器、电磁阀等）是由输出继电器动合触点来控制的。同时，输出继电器的另一对动合触点和动断触点作为控制信号反馈到矩阵板上，以便编程中需要反馈信号时使用。

3. 矩阵板（组合网络）

矩阵板及二极管所组成的组合网络，用来综合信号，对输入信号和反馈信号进行逻辑运算，实现逻辑控制功能。

三、计算机数字控制系统

计算机控制系统是指为各种以电子计算机作为其主要组成部分的控制系统，由于制造过程中被控对象的不同，受控参数千差万别，因此用于制造过程自动化的计算机控制系统有着各种各样的类型。

（一）计算机数字控制系统的组成及其特点

在计算机数字控制系统中，使用数字控制器代替了模拟控制器，以及为了数字控制器与其他模拟量环节的衔接增加了模数转换元件和数模转换元件，其组成主要有工业对象和工业控制计算机两大部分。工业控制计算机主要由硬件和软件两部分组成，硬件部分主要包括计算机主机、参数检测和输出驱动、输入输出通道（I/O）、人机交互设备等；软件是指计算机系统的程序系统。

1. 硬件部分

（1）计算机主机

这是整个系统的核心装置，它由微处理器、内存储器和系统总线等部分构成。主机对输入反映的制造过程工况的各种信息进行分析、处理，根据预先确定的控制规律，做出相应的控制决策，并通过输出通道发出控制命令，达到预定的控制目的。

（2）参数检测和输出驱动

被控对象需要检测的参数一般分为模拟量和开关量两类。对于模拟量参数的检测，主要是选用合适的传感器，通过传感器将待检参数（如位移、速度、加速度、压力、流量、温度等）转换为与之成正比的模拟量信号。

对被控对象的输出驱动，按输出的控制信号形式，也分为模拟量信号输出驱动和开关量信号输出驱动。模拟量信号输出驱动主要用于伺服控制系统中，其驱动元件有交流伺服电机、直流伺服电机、液压伺服阀、比例阀等。开关量信号输出驱动主要用于控制只有两种工作状态的驱动元件的运行，如电机的启动/停止、开关型液压阀开启/闭合、驱动电磁铁的通电/断电等。还有一种输出驱动，如对步进电机的驱动，是将模拟量输出控制信号转换成一定频率、一定幅值的开关量脉冲信号，通过步进电机驱动电源的脉冲分配和功率放大，驱动步进电机的运行。

（3）输入输出（I/O）通道

I/O 通道是在控制计算机和生产过程之间起信息传递和变换作用的装置，也称为接口电路：它包括模拟量输入通道（AI）、开关量输入通道（DI）、模拟量输出通道（AO）、开关量输出通道（DO）。一般由地址译码电路、数据锁存电路、I/O 控制电路、光电隔离电路等组成。随着工业控制用计算机的商品化，I/O 通道也已标准化、系列化。控制系统设计时，可以根据实际的控制要求，以及实际所采用的工业控制用计算机型号进行选用。

（4）人机交互设备

人机交互设备是操作员与系统之间的信息交换工具，常规的交互设备包括 CRT 显示器（或其他显示器）、键盘、鼠标、开关、指示灯、打印机、绘图仪、磁盘等。操作员通过这些设备可以操作和了解控制系统的运行状态。

2. 软件部分

计算机系统的软件包含系统软件和应用软件两部分，系统软件有计算机操作系统、监控程序、用户程序开发支撑软件，如汇编语言、高级算法语言、过程控制语言以及它们的汇编、解释、编译程序等。应用软件是由用户开发的，包括描述制造过程、控制过程以及实现控制动作的所有程序，它涉及制造工艺及设备、控制理论及控制算法等各个方面，这与控制对象的要求及计算机本身的配置有关。

计算机控制系统的主要优点是具有决策能力，其控制程序具有灵活性。在一般的模拟控制系统中，控制规律是由硬件电路产生的，要改变控制规律就要更改硬件电路。而在计算机控制系统中，控制规律是用软件实现的，要改变控制规律，只要改变控制程序就可以了。这就使控制系统的设计更加灵活方便，特别是利用计算机强大的计算、逻辑判断和大容量的记忆存储等对信息的加工能力，可以完成"智能"和"柔性"功能。只要能编出符合某种控制规律的程序，并在计算机控制系统上执行，就能实现对被控参数的控制。

实时性是计算机数字控制系统的重要指标之一。实时，是指信号的输入、处理和输出都要在一定的时间（即采样时间）范围内完成，即计算机对输入信息以足够快的速度进行采样并进行处理及输出控制，如这个过程超出了采样时间，计算机就失去了控制的时机，机械系统也就达不到控制的要求。为了保证计算机数字控制系统的实时性，其控制过程一般可归纳为三个步骤：

第一，实时数据采集。对被控参数的瞬时值进行检测，并输入到计算机。

第二，实时决策。对采集到的状态量进行分析处理，并按已定的控制规律，决定下一步的控制过程。

第三，实时控制输出。根据决策，及时地向执行机构发出控制信号。

以上过程不断重复，使整个系统能按照一定的动态性能指标工作，并对系统出现的异常状态及时监督和处理。对计算机本身来讲，控制过程的三个步骤实际上只是反复执行算术、逻辑运算和输入、输出等操作。

（二）计算机数字控制系统的分类

计算机在制造过程中的应用目前已经发展到了多种形式，根据其功能及结构特点，一般分为数据采集处理系统、直接数字控制系统（DDC）、监督控制系统（SCC）、分布控制系统（DCS）、现场总线控制系统（FCS）等几种类型。

1. 数据采集处理系统

在计算机的管理下，定时地对大量的过程参数实现巡回检测、数据存储记录、数据处理（计算、统计、整理等）、进行实时数据分析以及数据越限报警等功能。严格地讲，它不属于计算机控制，因为在这种应用中，计算机不直接参与过程控制，所得到的大量统计数据有利于建立较精确的数学模型，以及掌握和了解运行状态。

2. 直接数字控制系统（DDC）

计算机通过测量元件对一个或多个物理量进行巡回检测，经采样和 A/D 转换后输入计算机，并根据规定的控制规律和给定值进行运算，然后发出控制信号直接控制执行机构，使各个被控参数达到预定的要求。控制器常采用的控制算法有离散 PID 控制、前馈控制、串级控制、解耦控制、最优控制、自适应控制、鲁棒控制等。

3. 监督控制系统（SCC）

在 DDC 系统中，计算机是通过执行机构直接进行控制的，而监督控制系统则由计算机根据制造过程的信息（测量值）和其他信息（给定值等），按照制造系统的数学模型，计算出最佳给定值，送给模拟调节器或 DDC 计算机控制生产过程，从而使制造过程处于最优的工况下运行。

监督控制系统有两种不同的结构形式：一种是 SCC+模拟调节器；另一种是 SCC+DDC 控制系统。

4. 分布式控制系统（DCS）

在生产中，针对设备分布广，各工序、设备同时运行这一情况，分布式控制系统采用若干台微处理器或微机分别承担不同的任务，并通过高速数据通道把各个生产现场的信息集中起来，进行集中的监视和操作，以实现高级复杂规律的控制，又称为集散式控制系统。

该控制系统的特点如下：

第一，容易实现复杂的控制规律。

第二，采用积木式结构，构成灵活，易于扩展。

第三，计算机控制和管理范围的缩小，使其应用灵活方便，可靠性高。

第四，应用先进的通信网络将分散配置的多台计算机有机联系起来，使之相互协调、资源共享和集中管理。

四、自适应控制系统

（一）自适应控制的含义

在对象参数和扰动为未知或者随时间变化的条件下，如何设计一个控制器，使系统运行在某种意义下的最优或近似最优状态，这就是自适应控制所要解决的问题。如果把系统未知参数作为附加的状态变量，则状态后的系统方程就总是非线性的。因此，自适应控制所要解决的问题，实际上可表述为一个特殊的非线性随机控制问题。非线性随机控制的解法是极其复杂的，为了获得某种实用解法必须对它做出近似。自适应控制技术即是这种近似的设计方法。

（二）自适应控制的基本内容

1. 模型参考自适应控制

所谓模型参考自适应控制，就是在系统中设置一个动态品质优良的参考模型，在系统运行过程中，要求被控对象的动态特性与参考模型的动态特性一致，例如要求状态一致或输出一致。

2. 自校正控制

自校正控制的基本思想是当系统受到随机干扰时，将参数递推估计算法与对系统运行指标的要求结合起来，形成一个能自动校正的调节器或控制器参数的实时计算机控制系统。首先读取被控对象的输入 $u(t)$ 和输出 $y(t)$ 的实测数据，用在线递推辨识方法，辨识被控对象的参数向量 θ 和随机干扰的数学模型。按照辨识求得的参数向量估值 θ 和对系统运行指标的要求，随时调整调节器或控制器参数，给出最优控制 $u(t)$，使系统适应本身参数的变化和环境干扰的变化，处于最优的工作状态。

（三）自适应控制系统的应用

在制造业中，所谓自适应性控制就是为使加工系统顺应客观条件的变化而进行的自动调节控制。这种系统中包括两种反馈系统：一种是闭环控制数控机床本身带有的位置环控制回路；另一种则是根据需要在加工过程中检测某些反映加工状态的过程变量信息，并将这种信息反馈给适应性控制装置，由其产生调节指令，以改变系统的某些功能与切削参数，最大限度地发挥了机床的效能，降低了生产成本。

五、DNC 控制系统

（一）DNC 控制系统的概念

DNC 最早的含义是直接数字控制，指的是将若干台数控设备直接连接在一台中央计算机上，由中央计算机负责 NC 程序的管理和传送。它解决了早期数控设备因使用纸带而带来的一系列问题。

目前，DNC 已成为现代化机械加工车间的一种运行模式，它将企业的局域网与数控加工机床相连，实现了设备集成、信息集成、功能集成和网络化管理，达到了对大批量机床的集中管理和控制，成为 CAD/CAM 和计算机辅助生产管理系统集成的纽带。数控设备上网已经成为现代制造系统发展的必然要求，上网方式通常有两种：一是通过数控设备配置的串口（RS-232 协议）接入 DNC 网络；二是通过数控设备配置的以太网卡（TCP/IP 协议）接入 DNC 网络。流行且实用的方式是通过在数控设备的 RS-232 端连接一个 TCP/IP 协议转换设备将 RS-232 协议转换成 TCP/IP 协议入网，这种方式简单、方便、实用，具有许多优点，但从本质上讲它还是 RS-232 串口模式。

采用局域网通信方式大大提高了 NC 程序管理的效率，同时，通过 TCP/IP 通信协议进行网络通信的局域网模式即将成为一种普及的方式。但就数控技术的发展现状而言，全面实施局域网式 DNC 还有相当一段距离，目前还是以串口（RS-232 协议）接入 DNC 网络为主。

（二）DNC 控制系统的构成

随着数控技术、通信技术、控制技术、计算机技术、网络技术的发展，"集成"的思想和方法在 DNC 中占有越来越重要的地位，"集成"已成为现代 DNC 的核心。鉴于此，提出了集成 DNC（简称 IDNC）的概念。

（三）典型 DNC 系统的主要功能

1. 程序双向通信功能

一般 DNC 系统常采用客户/服务器结构，利用 RS-232 接口的通信功能或以太网卡控制功能，在数控设备端进行数据的双向传输等全部操作，可实现按需下载和按需发送，服务器端实现无人值守、自动运行。每台 DNC 计算机可管理多达 256 台数控设备，且支持多种通信协议，适应各种设备的通信要求（RS-232/422/485、TCP/IP，甚至特定的通信协议）。双向通信中一般还要求具有字符和字符串校验、文件的自动比较、数据的异地备份、智能断点续传的在线加工以及数控端的每项操作都有反馈消息（成功、失败、错误、文件不一致等）等功能。

2. 信息采集功能

传统的 DNC 系统只注重 NC 程序的传输与管理，而现代化的数控设备管理概念是将数控设备作为一个信息的节点纳入企业集成信息化的管理中，实时、准确、自动地为整个信息系统提供相应的数据，并实现管理层与执行层信息的交流和协同工作。

目前，DNC 系统实现信息采集方式主要有以下几种。

第一种是 RS-232 协议的串口模式。一般数控系统都配置有 RS-232 串口，因此只要数控系统具有 I/O 变量输出功能，即可实现信息采集。这种方式无须数控设备增加任何硬件和修改 PLC，因此，对各种数控系统实现信息采集具有普遍性。

第二种是 TCP/IP 协议的以太网模式。随着技术的发展，数控设备配置以太网功能已是大势所趋，而以太网方式的信息采集内容更加丰富，是未来的发展方向。

第三种是各种总线模式。此种模式需要专用的通信协议和专用的硬件，且需要修改数控系统的 PLC，需要得到数控系统厂商的技术支持，这种方式的网络只适用于同类型数控系统且管理模式单一的网络系统，因此，不具有通用性的发展意义。

DNC 系统具备信息采集功能，其目的主要是以下两个方面：一是实现对数控设备的实时控制；二是实现生产信息的实时采集与数据的查询。前者要做到，控制数控设备上的程序修改，非法修改后，设备不能启动；控制数控设备上的刀具寿命，超过寿命后未换刀，设备不能启动。后者应实现，设备实际加工时间统计、实际加工数量统计、停机统计、设备加工/停机状态的实时监测、设备利用率统计、设备加工工时统计等。

3. 与生产管理系统的集成功能

传统的 DNC 程序管理属于自成一体，单独使用，其数控程序传递到数控设备的方式为按需下载模式，即操作人员在需要的时候通过 DNC 网络下载需要的数控程序，其优点是操作人员下载程序方便、灵活、自由度高；缺点是容易下载到错误的程序，不能按照生产任务的派产进行程序的下载。目前的 DNC 系统既可以做到程序的按需下载，同时也可以做到通过与生产管理系统、信息采集系统进行无缝集成的方式，实现数控程序的按需发送，其优点是操作工只能下载到当前已经排产的数控程序，而不会下载到错误的程序，可以严格执行生产任务安排，防止无序加工；缺点是操作人员下载程序的灵活性降低。

4. 数控程序管理功能

数控程序是企业非常重要的资源，DNC 可以实现对 NC 程序进行具备权限控制的全寿命管理，从创建、编辑、校对、审核、试切、定型、归档、使用直到删除。具体包括 NC 程序内容管理、版本管理、流程控制管理、内部信息管理、管理权限设置等功能。

（1）内容管理

它包括程序编辑、程序添加、程序更名、程序删除、程序比较、程序行号管理、程序字符转换、程序坐标转换、加工数据提取、程序打印、程序模拟仿真。

（2）版本管理

DNC 系统中，按照一定的规范设计历史记录文件格式和历史记录查询器，每编辑一次 NC 程序，将编辑前的状态保存在这个记录文件中，以方便用户进行编辑追踪。

（3）流程控制管理

NC 程序的状态一般分为编辑、校对、审核、验证、定型五种，具体管理过程如下：NC 程序编辑完成后，提请进行程序校对，以减少错误，校对完成后，提交编程主管进行审核，审核通过后开始进行试加工，在此过程中可能还需要对 NC 程序进行编辑修改，修改完成后再审核，直到加工合格后，由相关人员对程序内容和配套文档做整理验证，验证完成后提请主管领导定型，定型后的程序供今后生产的重复使用。

（4）内部信息管理

它主要指对 NC 程序内部属性进行管理，如程序号、程序注释、轨迹图号、零件图号、所加工的零件号、加工工序号、机床、用户信息等，还包括对加工程序所用刀具清单、工艺卡片等进行管理。

（5）管理权限设置

用户权限管理主要是给每个用户设置不同的 NC 程序管理权限，以避免自己或别人对 NC 程序进行误编辑，体现责任分清。

5. 与 PDM 系统集成功能

目前，能够满足企业各方面应用的 PDM 产品应具有以下功能：文档管理、工作流和过程管理、产品结构与配置管理、查看和批注、扫描和图像服务、设计检索和零件库、项目管理、电子协作等。

数控程序从根本上讲属于文档资料的范畴，可以使用 PDM 系统进行管理，但由于数控程序的特殊性，它的使用对象不仅限于工艺编程与管理人员在企业局域网上使用，更重要的且最终使用对象是数控设备，且使用过程中需要不断地与数控机床进行数据交换，因此，只有使 DNC 与 PDM 系统进行无缝集成，才能使 PDM 系统更加灵活地管理数控程序文件。

六、多级分布式计算机控制系统

(一) 多级分布式计算机控制系统的结构和特征

随着小型、微型计算机的出现，逐渐形成了计算机网络系统，其功能犹如一台大型计算机，而且在众多方面优于单一的大型计算机系统。制造业中有许多任务要处理数字式输入和输出信号，这些任务由微型机和小型机完成是非常合适的。计算机系统设计者详细分析工厂控制这一复杂系统时往往会发现，这些系统能够进一步划分成模块化的子系统，由小型或微型计算机分别对它们进行控制，每台计算机完成总任务中的一个或多个功能模块，于是引入了所谓的多级分布式计算机控制系统，或称递阶控制系统。

在多级系统中，数据处理通常采用分布式的。即重复的功能和控制算法，诸如数据的收集、控制命令的执行等直接控制任务，是由最低一级来处理。反之，总任务的调度和分配、数据的处理和控制等则在上一级完成。这种功能的分散，其主要好处集中表现在提高最终控制对象的数据使用率，并减少由于硬件、软件故障而造成整个系统失效的事故。

(二) 多级分布式计算机控制系统的互联技术

1. 多级分布式计算机系统的局域网络 (LAN)

随着多级系统的发展和自动化制造系统规模的不断扩大，如何将各级系统有机地连接在一起，这就很自然地提出了所谓网络的要求。局域网络正是能满足这种要求的网络单元，它可以将分散的自动化加工过程和分散的系统连接在一起，可以大大改善生产加工的可靠性和灵活性，使之具有适应生产过程的快速响应能力，并充分利用资源，提高处理效率。网络技术成为多级分布式计算机控制系统的关键技术之一。

一般来说，局域网络由以下几部分组成：双绞线、同轴电缆或光纤作为通信媒介的通信介质，以星形、总线形或环形的方式构成的拓扑结构，网络连接设备 (网桥、集成器等)，工作站，网络操作系统，以及作为网络核心的通信协议。

2. 多级分布式计算机系统点—点通信

点—点通信是把低层设备与其控制器直接相连后实现信息交换的一种通信方式，在分布式工业控制系统中用得很多，其原因主要如下。

(1) 分布式工业控制系统中有许多高档加工设备，例如各种加工中心、高精度测量机等，它们都在单元控制器管理下协调地工作，因此需要把它们和单元控制器连接起来。一般有两种连接方法：第一种方法是通过局域网互联，对于具有联网能力的加工设备可以采用这种方法；第二种方法是把设备用点—点链路与控制器直接连接。目前，具有网络接口功能的设备还不是很多，因此大多采用第二种方法。

(2) 点—点通信所需费用低，易于实现，几乎所有的低层设备及计算机都配备有串行通信接口，只要用介质把接口正确连接起来就建立了通信的物理链路。因此这种方法比用局域网所需费用低很多，实现起来也很简单。

点—点通信物理接口标准化工作进行得较早，效果也最显著，使用最广泛的是由美国电子工业协会 (EM) 提出的 RS-232C 串行通信接口标准，它规定用 25 针连接器，并定义了其中 20 根针脚的功能，详细功能可查阅手册。具体使用 RS-232C 时，常常不用全部 20 条信号线而只是取其子集，例如计算机和设备连接时，由于距离较短，不需调制解调器（MODEM）作为中介，只要把其中的三个引脚互连，其中的 TXD 是数据发送端，RXD 是数据接收端，SG 是信号地。在规程方面，RS-232C 可用于单向发送或接收、半双工、全双工等多种场合，因此 RS-232C 有许多接口类型。对应于每类接口，规定了相应的规程特性，掌握这些规程特性，对于接口的正确设计与正常工作是至关重要的。

RS-232C 为点—点通信提供了物理层协议，但这些协议都是由厂家或用户自行规定的，因此兼容性差。例如，若单元控制器直接连接两台不同厂家的设备，那么在控制器中就要开发两套不同的通信驱动程序才能分别与两台设备互联通信，这种不兼容性造成低层设备通信开支的浪费。因此点一点通信协议的标准化、开发或配置具有直接联网通信接口的低层设备已成为用户的迫切要求。

3. 制造自动化协议（MAP）

制造自动化协议（MAP）是美国通用汽车公司（GM）于 1980 年首先提出的。MAP 提出后，得到了世界上许多公司的关注和重视，尤其是一些著名的计算机公司，如 IBM、DEC 和 HP 等。在此形势下，MAP 用户协会于 1984 年 9 月宣告成立，于 1985 年发表了一个参考性 MAP 规范，从而为众多来自不同厂家的各种设备的集成提供了一个标准的、开放式的通信网络环境。

MAP 是基于 ISO 的开放系统互联 OSI 基本参考模型形成的，有七层结构，MAP3.0 与 OSI 的兼容性更好，由于实时要求，局域网的 MAC 协议选用 802.4 的 Token Bus，网络层选用无连接型网络服务。

制造信息规范（MMS）是自动化制造环境中一个极为重要的应用层协议，由于控制语言是非标准化的，造成即使具有标准的网络通信机制，不同生产厂商的设备仍无法交换信息，因而迫切需要一种"行规"来解决不同类型设备，不同厂商的产品进行统一管理、控制和操作，MMS 就是为此而制定的。

第二节 机械制造业控制系统的安全自动化技术

一、安全控制系统

（一）安全控制系统概念

所谓的安全（控制）系统，是在开车、停车、出现工艺扰动以及正常维护、操作期间对生产装置提供安全保护。一旦当工厂装置本身出现危险，或由于人为原因而导致危险时，系统立即做出反应并输出正确信号，使装置安全停车，以阻止危险的发生或事故的扩散。它包括了现场的安全信号，如紧急停止信号、安全进入信号、阀反馈信号、液位信号等，逻辑控制单元和输出控制单元。无论在机械制造领域还是在流程化工领域，安全控制系统是整个系统运转中不可或缺的一部分。

安全控制链由输入（如传感器）、逻辑（如控制器）、输出（如触发装置）构成。从逻辑上来说，对于安全信号的控制功能可以采用普通继电器、普通 PLC、标准现场总线或 DCS 等逻辑控制元器件，从表面上达到我们所需要的逻辑输出。但是，我们可以注意到，普通继电器、普通 PLC、标准现场总线或 DCS 不属于安全相关元器件或系统。它们在进行安全相关控制的时候可能会出现以下安全隐患：处理器不规则、输入/输出卡件硬件故障、输入回路故障（比如短路、触点熔焊）、输出元器件故障（如触点熔焊）、输出回路故障（如短路、断路）、通讯错误等。这些安全隐患，都会导致安全功能失效，从而导致事故的发生。所以，安全控制系统就是要求能够可靠的控制安全输入信号，一旦当安全输入信号变化或安全控制系统中出现任何故障，立即做出反应并输出正确信号，使机器安全停车，以阻止危险的发生或事故的扩散。

安全控制系统的硬件主要采取了以下措施来达到安全要求：

（1）采用冗余性控制

（2）采用多样性控制

（3）频繁、可靠的检测（对硬件、软件、通讯）

（4）程序 CRC 校验

（5）安全认证功能块

常见的安全输入设备包括由紧急停止设备、安全进入装置（安全门开关或连锁装置）、安全光电设备（安全光幕、安全光栅、安全扫描仪）。安全逻辑部分常采用安全继电器、安全 PLC 和安全总线系统。

（二）安全逻辑控制设备

逻辑控制设备是整个安全控制系统中最重要的一部分。它需要接收安全信号，进行逻辑分析，可靠的进行安全输出控制。现代自动化安全控制领域中，安全系统的控制元器件有安全继电器、安全 PLC 和安全总线控制系统。

1. 安全继电器

安全继电器，或者称为安全继电器模块，是最简单的安全逻辑控制元器件。其特点是采用了冗余的输出控制和自我检测的功能，实现了对输出负载的可靠控制。

该模块的 2 个安全输出触点，在这两个安全输出触点在内部是由来自两个不同的特殊继电器 K1 和 K2 的常开触点串连而组成。当 K1 出现故障的时候，K2 依然可以实现安全触点断开的功能。同时，安全继电器模块可以通过内部电路进行自检，检测出外部接线故障和内部元器件的故障。

2. 安全可编程控制器

安全可编程控制器采用了多套中央处理器进行控制，并且这些处理器来自不同的生产商。这样的控制方式符合了冗余、多样性控制的要求。这是安全 PLC 与普通 PLC 最根本的区别。当一定数量的处理器出现故障后，完好的处理器依然执行安全功能，切断所有安全输出使系统停机。导致系统停机的处理器的故障数量取决于不同的系统。

对于信号的采集、处理和输出的过程，安全 PLC 都采用了冗余控制的方式。当信号进入 PLC 后，分别进入多个输入寄存器，再通过对应的多个中央处理器的处理，最后进入多个输出寄存器。这样，安全 PLC 就构成了多个冗余的通道。整个过程之中，信号状态、处理结果等可以通过安全 PLC 内部的暂存装置进行相互比较，如果出现不一致，则可以根据不同的系统特性，进入故障安全状态或将故障检测出来。

输入回路可以采用双通道的方式，通过 2 条物理接线进入安全 PLC。安全 PLC 也可以提供安全测试脉冲，用以检测输入通道中的故障。

安全 PLC 的输出内部电路也采用了冗余、多样性的方式，对一个输出节点进行安全可靠控制。安全 PLC 可以通过 2 种不同的手段，即切断基极信号和切断集电极电源两种不同的方式，将输出信号由 1 转变为 0。无论哪种方式出现故障，另外一种方式依然完好的执行安全功能。同时，安全 PLC 提供了内部检测脉冲，以检测内部故障。

安全 PLC 的扫描时间要求为每千条指令 1ms 以下。快速的中央处理功能不仅可以达到紧急停车的要求，同时能够以较短的时间完成整套系统的安全功能自检。

在软件方面，安全 PLC 必须有可靠的编程环境、校验手段，以保证安全。这主要可以通过规范安全功能编程来实现。如 Pilz 的安全 PLC，提供了通过认证的 MBS 安全标准功能块，以帮助编程人员进行合理的、安全的编程。这些安全功能块经过加密，不能够修改。我们只需要在功能块的输入和输出部分填入相应的地址、参数和中间变量，即可以完成对安全功能的编程。这些 MBS 功能块涵盖了机械制造领域及流程化工领域的安全功能控制。

3. 安全总线控制系统

安全现场总线系统是以安全 PLC、安全输入输出模块、安全总线构成一套离散式控制系统。硬件和通讯的安全可靠是安全总线控制系统的可靠性判断依据。在硬件上，安全总线系统的模块都采用了冗余、高速的可靠元器件。

二、控制系统安全标准

（一）安全相关标准简介

目前我们经常使用的机械安全标准分别来自国际（IEC、ISO）、欧盟（EN、DIN）和国家标准（GB）。国际标准以 IEC 61508 中的 IEC 62061 为代表，对机械的电气安全相关的设计进行规范和指导。欧盟标准以机械指令为法规，通过相关标准对法规进行细化。中国的机械安全标准分为强制性和推荐性标准，并无法规支撑。

由于欧盟为中国的主要机械出口区域，国内出口欧洲的机械必须符合欧洲机械指令的安全要求。因此，欧盟的标准为国内有出口需求的机械制造厂商所广泛应用。中国的机械安全标准也以 EN 和 ISO 标准为主要对口对象。

欧盟和中国的机械安全标准分为 A，B，C 三类。A 类标准为基础标准，包括基本概念、设计原则和一般特性如 EN/ISO 12100，GB/T 15706；B 类标准为通用分类安全标准，主要是对机械中的分类的安全功能进行规范，如控制系统安全相关标准 EN 954-1、EN/ISO 13849-1、GB/716855、EN418、GB16754 紧急停止；C 类标准为给类产品安全标准，主要是对各类机械的安全要求进行规范，如 EN 692 压力机械安全标准。

对于安全控制系统，国内的机械制造厂商主要参照以 EN 954-1 为主的 B 类标准。

（二）EN 954-1 的安全要求

EN 954-1 是在 1997 年由 CENTC114 发布的，全称为 Safety-related parts of control systems（控制系统的安全有关部分）。其中提及的 Category 等级的概念，在机械的安全控制自动化领域中是衡量机械的危险程度或相关安全控制系统的安全程度的标准。可以依据 EN954-1，按照以下步骤设计安全控制系统，

（1）确定机械的危险区域

（2）定义风险参数_ S，F，P

（3）使用风险图表确定所要求的等级

（4）根据所要求的等级设计和实施所要求的安全功能

在 EN 954-1 中的风险评估图中，S 表示机械对人员的伤害的程度，S1 为轻伤，S2 为重伤或死亡；F 表示面临危险的时间和频率，F1 表示从无到经常发生，F2 表示从经常发生到持续发生；P 表示避免危险的可能性，P1 表示在特定条件下可能避免该危险，而 P2 则表示几乎不可能避免危险。

在此以一台折弯机为例，首先分析其危险区域为滑块下落区域。滑块下落会导致断指、断手等重度伤害，选择 S2；而工作人员需要持续地将工件手动放入折弯机下进行加工，面临危险的时间较长，所以我们根据图表可以选择 F2；而滑块下落极快，工作人员几乎不可能躲避此危险，根据图表选择 P2。根据图，我们可以得到折弯机的危险等级为 4 级。

在确定了危险等级之后，我们就要设计安全控制系统来降低风险，避免危险。所要求的安全控制系统的安全等级必须与风险评估中的危险等级一致。

根据风险评估图，分析了机器的风险，并确定机器危险部分的等级之后，就可以按照此等级进行安全控制系统的设计。

等级 B 要求与安全功能有关的控制电路在设计、选择和组装过程中必须使用符合基本安全准则和有关标准的安全开关电器。安全控制电路要能够承受预期的运行强度，能够承受运行过程中工作介质的影响和相关外部环境的影响。等级 B 是最基本的等级，其他等级都必须满足等级 B 的要求。

与等级 B 相比，等级 1 要求使用成熟的元器件，即在相似的应用领域有过广泛和成功的使用，或是根据可靠的安全标准制造的元器件，以及使用成熟的技术。

等级 2 除了要符合等级 1 的要求外，还必须要做到在机器的控制系统中能够对安全控制系统进行测试，在机器启动时和在危险状态出现前，必须对安全功能进行测试。

在满足等级 1 的要求的基础上，等级 3 最主要的要求是当安全控制系统中的一个元器件出现故障时，不会导致安全功能失效。一些但不是所有故障都可以被检测出来，一个累计的故障会导致安全功能失效。

等级 4 为最高安全控制等级。在符合等级 1 要求的同时，还要求安全控制系统中一个元器件的故障不会引起安全功能失效，而且故障能在下一次安全功能起作用时被识别出来，如果无法识别，要求多个故障的积累不会引起安全功能的失效。

在实际应用中，等级 2 很少使用。因为在等级 2 中，安全保护功能如果在两次测试之间出现故障，系统将无法检测到，从而有可能在安全保护功能失效时导致机械的损坏或人身伤害事故的发生。并且，等级 2 的控制系统中的输入和输出电路没有采用冗余的设计。在 IEC 61508 标准中，规定在所有与安全相关的电子部件中应有冗余的设计，以求在线缆或器件损坏的时候只发生"安全"故障，这可以依靠系统冗余设计，而不是只依靠器件的可靠性来实现。所以大多数的工业机械都应使用等级 3 或等级 4 的安全控制系统，特别是对一些极其危险的工业机械，如切纸机械、冲压机械、注塑机械等，必须使用等级 4 的安全保护措施。

在该控制系统中，急停按钮 S1 采用双通道的冗余输入；安全模块使用了一个可以达到安全等级 4 级的安全继电器；输出则采用了 2 个强制断开结构的交流接触器 K1M 和 K2M 的冗余控制，并且这 2 个接触器的常闭触点作为反馈信号接入安全继电器，用以检测其故障情况。输入和输出的冗余控制，符合国际标准 IEC 61508 和欧洲标准 EN 60204 中对控制电路和控制功能的要求——采用冗余技术。控制模块使用了特殊结构的安全继电器。不同于辅助回路中的普通中间继电器，安全继电器甚至在内部出现触点焊死的故障情况下，也能够把电源安全的从负载断开。同时通过内部冗余、强制断开触点的结构、以及自检测等功能，检测内部电路和外部输入和输出控制回路的故障情况。

根据 EN 954-1 进行安全控制系统的设计，在传感器、逻辑控制元件和触发装置这个安全链中，对于逻辑控制元件的要求最高。如果系统的安全等级要求为 4 级，除了考虑系统的构架之外，还必须选择通过认证公司认证的安全等级为 4 级的逻辑控制元件。而对于传感器和触发装置，只要求是可靠的、长期通过市场验证的产品，没有任何参数指标上的限定。

这样一种安全控制系统的设计方式有一定的缺陷。假设有 A 和 B 两套一样的安全控制系统，采用同样的安全传感器、逻辑控制元件和触发装置。安全传感器的动作，通过逻辑控制元件会带动触发装置。如果 A 套系统的工作负荷较高。一天内安全传感器需要数操动 100 次。根据设定逻辑，逻辑控制元件和触发装置也需要操动 100 次。而 B 系统的工作负荷较低，一天内安全传感器只需要操动一次。我们可以想象，在高强度的使用负荷下，A 系统的安全生命周期比 B 系统短。或者可以说，在一定的时间段内，A 系统出现故障的概率要比 B 系统高。但是根据 EN954-1，这两个系统可以达到一样的安全等级。所以 EN954-1 需要被更新和优化。

（三）EN/ISO 13849-1 的安全要求

随着新兴技术的不断涌现，按照 EN 954-1 这种设计方法和要求不能满足技术不断进步的要求。首先因为 EN954-1 标准已经使用了多年，而没有进行过更新，使得该标准不能适用现在一些新兴技术的要求。其次，该标准主要适用气动、液压、电气和部分确定的电子产品系统，不能涵盖目前所有控制系统，特别是电子技术的快速发展；第三，使用 EN954-1 是建立在一定的经验基础和条件上，对控制系统进行的评估和确定，对于新出现的控制方法则显得力不从心。第四，EN954-1 给大家提供的只是对一个系统定性的评估，没有也无法实现定量化判断系统的安全性。第五，过去的标准对于控制系统的组成后的外界因素都假定是一成不变的，而没有考虑到意外因素对系统可靠性和安全性的影响。所以，EN/ISO 13849-1 被推出，将于 2009 年 11 月完全替代 EN954-1。

在过去，我们根据 EN 954-1 评估一个控制系统的安全相关部分的安全能力，以 Category 等级为评判依据。将来，根据 EN/ISO 13849-1，判断一个控制系统的安全相关部分的安全能力，则需要参照 Performance level（PL）。Performance level（PL）即为安全相关部分的能力，此安全相关部分执行一个安全功能，在可以预见的情况下实现期望的风险减少。

根据 EN/ISO 13849-1 进行安全控制系统的设计步骤如下：

（1）确定机械的危险区域。

（2）定义风险参数 S，F，P。

（3）使用风险图表确定所要求的 Performance Levels PLr。

（4）设计和实施所要求的安全功能。

（5）决定 achieved Performance Levels 通过：等级、平均无危险故障时间（MTTFd）、故障覆盖率（DC）、共因故障（CCF）。

（6）比较 achieved Performance Levels PL 和 required Performance Level PLr。

在 EN/ISO 13849-1 中，安全控制系统设计的第 1 和第 2 步骤与 EN 954-1 一致。但是，

EN 954-1 中的 category（等级）不会出现在风险评估图表中，取而代之的是 PLr（Required Performance Level）。而 category 中所标定的 B，1，2，3，4 则由 PLr 中的 a，b，c，d，e 替代。与 EN 954-1 的系统性评估不同，EN/ISO 13849-1 对系统的安全性可以通过 PFHD（每小时危险失效概率）进行量化判断。

EN/ISO 13848-1 中的等级（Category）的概念和描述与 EN 954-1 中类似。

平均无危险故障时间（MTTFd）已经存在于其他行业很多年了，引入到机器安全控制系统领域，则是刚刚开始。该值可以属于一个元件，也可以是针对一个系统的描述。通常，对单个元件，它的 MTTFd 由该元器件的生产者或供应商提供。在今后的产品样本和说明书中，用户都可以找到该元件对应的 MTTFd 值。该时间通常以年为单位，对于一个系统。可以通过分段确定每部分的 MTTFd，然后计算出系统的平均无故障时间。

需要说明的一点是，对于有些存在磨损的元件，那磨使用的次数可能决定了元件首次出现故障的时间。对于这一类器件，供应商通常提供的是另外一个参数 BIOd，表示每小时出现危险故障的概率。有了 B10d，可以通过公式

$$MTTFd = B10d/(0.1 \times Nop) \tag{8-1}$$

来折算出该元件的 MTTFd。其中 0.1 是一个校正系数，Nop 表示每小时操作该元件的平均统计次数。对于常规元器件，也可以在相关标准中找到其 MTTFd 或 B10d 值。比如门锁开关，在 ISO 13849-1；2006 版中给出 B10d 的值是 2000000。

诊断覆盖率是进行自动诊断测试而导致的硬件危险失效概率的降低部分。诊断覆盖率可以分为 4 个等级。

共因失效（CCF）是一种失效，它是由一个或者多个事件导致的结果，在多通道系统中两个或者多个分离通道同时失效，从而导致系统失效。

等级（Category）、平均无危险故障时间（MTTFd）、诊断覆盖率（DC）、共因失效（CCF）为 EN/ISO 13849-1 中的 4 个重要参数指标，在应用实例中将会通过这四个参数分析安全控制系统的安全性能。

三、安全总线系统分析

（一）现场总线概述

现场总线控制系统技术是 20 世纪 80 年代中期在国际上发展起来的一种崭新的工业控制技术。现场总线控制系统的出现引起了传统的 PLC 和 DCS 控制系统基本结构的革命性

变化。现场总线控制系统技术极大地简化了传统控制系统烦琐且技术含量较低的布线工作量，使其系统检测和控制单元的分布更趋合理，更重要的是从原来的面向设备选择控制和通信方式转变成为基于网络来选择设备。自从 20 世纪 90 年代现场总线控制系统技术逐渐进入中国以来，Internet 和 Intranet 的迅猛发展，现场总线控制系统技术越来越显示出其传统控制系统无可替代的优越性。现场总线控制系统技术已成为工业控制领域中的一个热点。

1. 现场总线的发展

计算机控制系统的早期，采用一台小型机控制几十条控制回路，目的是降低每条回路的成本。但由于计算机的故障将导致所有控制回路失效，所以后来发展成分布式控制系统（DCS），即由多台微机进行数据采集和控制，微机间用局域网连接起来成为一个统一系统。DCS 沿用了 20 多年，其优点和缺点均充分显露。最主要的问题仍然是可靠性不够好。一台微机坏了，该微机管辖下的所有功能都失效。一块 A/D 板上的模/数转换器坏了，该板上的所有通道全部失效。曾有过采用双机双 I/O 等冗余设计，但这又增加了成本，增加了系统的复杂性。为了克服系统可靠性、成本和复杂性之间的矛盾，更为了适应广大用户要求的系统开放性、互操作性要求，实现控制系统的网络化，一种新型的控制技术—现场总线控制系统技术正迅速发展起来。

2. 现场总线系统的概述

从名词定义来讲，现场总线是用于现场电器、现场仪表及现场设备与控制室主机系统之间的一种开放、全数字化、双向、多站的通信系统。而现场总线标准规定某个控制系统中一定数量的现场设备之间如何交换数据。数据的传输介质可以是电线电缆、光纤、电话线、无线电等等。

通俗地讲，现场总线是用在现场地总线技术。传统控制系统的接线方式是一种并联接线方式，由 PLC 控制各个电器元件，对应每一个元件有一个 I/O 口，两者之间需要用两个线进行连接，作为控制和/或电源。当 PLC 所控制的电器元件数量达到数十个甚至数百个时，整个系统的接线就显得十分复杂，容易搞错，施工和维护都十分不便。为此，人们考虑怎么样把那么多的导线合并到一起，用一根导线来连接所有设备，所有的数据和信号都在这个线上流通，同时设备之间的控制和通信可任意设置。因而这根线自然地被称为总线，就如计算机内部地总线概念一样。由于控制对象都在工矿现场，不同于计算机通常用于室内，所以这种总线被称为现场地总线，简称现场总线。

3. 现场总线的特点

现场总线技术实际上是采用串行数据传输和连接方式代替传统的并联信号传输和连接方式的方法，它依次实现了控制层和现场总线设备层之间的数据传输，同时在保证传输实时性的情况下实现信息的可靠性和开放性。一般的现场总线具有以下几个特点：

（1）布线简单

这是大多现场总线共有的特性，现场总线的最大革命是布线方式的革命，最小化的布线方式和最大化的网络拓扑使得系统的接线成本和维护成本大大降低。由于采用串行方式，所以大多数现场总线采用双绞线，还有直接在两根信号线上加载电源的总线形式。这样，采用现场总线类型的设备和系统给人明显的感觉就是简单直观。

（2）开放性

一个总线必须具有开放性，这指两个方面：一方面能与不同的控制系统相连接，也就是应用的开放性；另一方面就是通讯规约的开放，也就是开发的开放性。只有具备了开放性，才能使得现场总线既具备传统总线的低成本，又能适合先进控制的网络化和系统化要求。

（3）实时性

总线的实时性要求是为了适应现场控制和现场采集的特点。一般的现场总线都要求在保证数据可靠性和完整性的条件下具备较高的传输速率和传输效率。总线的传输速度要求越快越好，速度越快，表示系统的响应时间就越短，但是传输速度不能仅靠提高传输速率来解决，传输的效率也很重要。传输效率主要是有效用户数据在传输帧中的比率还有成功传输帧在所有传输帧的比率。

（4）可靠性

一般总线都具备一定的抗干扰能力，同时，当系统发生故障是，具备一定的诊断能力，以最大限度的保护网络，同时较快的查找和更换故障节点。总线故障诊断能力的大小是由总线所采用的传输的物理媒介和传输的软件协议决定的，所以不同的总线具有不同的诊断能力和处理能力。

4. 现场总线的应用领域

现场总线的种类很多，导致多种现场总线同时发展的原因有两个，一是工业技术的迅速发展，使得现场总线技术在各种技术背景下得以快速发展，并且迅速得到普及，但是普及的层面和程度受到不同技术发展的侧重点不同而各不相同；另一方面，工业控制领域"高度分散、难以垄断"，这和家用电器技术的普及不同，工业控制所涵盖的领域往往是多学科、多技术的边缘学科，一个领域得以推广的总线技术到了另一个新的领域有可能寸步难行。

控制系统是有不同的层次的，控制系统的金字塔结构中，左边的文字表示系统的逻辑层次，由上到下分别为协调级、工厂级、车间级、现场级和操作器与传感器级。现场总线涉及的是最低两级。右边文字表示系统的物理设备层次，由上到下依次为主计算机、可编程序控制器、工业逻辑控制器、传感器与操作器（如感应开关、位置开关、电磁阀、接触器等等）。

对应不同的系统层次，现场总线有着不同的应用范围。纵坐标由下往上表示设备由简单到复杂，即由简单传感器、复杂传感器、小型 PLC 或工业控制机到工作站、中型 PLC 再到大型 PLC、DCS 监控机等，数据通信量由小到大，设备功能也由简单到复杂。横坐标表示通信数据传输的方式，从左到右，依次为二进制的位传输、8 位及 8 位以上的字传输、128 位及以上的帧传输以及更大数据量传输的文件传输。

ASI、Sensorloop、Seriplex 等总线适用于由各种开关量传感器和操作器组织的底层控制系统，而 DeviceNet、Profibus-DP 和 WorldFIP 适用于字传输额的各种设备，至于 Profibus-PA、Fieldbus Foundation 等更多地适用于帧传输的仪表自动化设备。所以对我们适用的总线在 Sensor 和 Equipment 的区域内。

5. 现场总线的标准

（1）IEC61158

1984 年 IEC 提出现场总线国际标准的草案。1993 年才通过了物理层的标准 IEC 1158-2，并且在数据链路层的投票过程中几经反复。

在现场总线国际标准 IEC61158 中，采用了一带七的类型，即：

类型 1：原 IEC61158 技术报告（即 FF—H1）

类型 2：Control Net（美国 Rockwell）公司支持

类型 3：Profibus（德国 SIEMENS 公司支持）

类型 4：P-Net（丹麦 Process Data 公司支持）

类型 5：FF HSE（即原 FFH2，美国 Fisher Rosemount 公司支持）

类型 6：Swift Net（美国波音公司支持）

类型 7：WorldFip（法国 Alstom 公司支持）

类型 8：Interbus（德国 Phoenix contact 公司支持）

目前 61158 的基本原则是：

不改变原来 61158 的内容，作为类型 1

不改变各个子集的行规，作为其他类型，并对类型 1 提供接口

（2）IEC62026 的构成如下：

IEC62026—1 一般要求 General Rules（in preparation）

IEC62026—2 电器网络 Device Network（DN）

IEC62026—3 操动器传感器接口 Actuator sensor interface（ASI）

IEC62026—5 灵巧配电系统 Smart distributed system（SDS）

（3）ISO11898

现场总线领域中，在 IEC61158 和 62026 之前，CAN 是唯一被批准为国际标准的现场总线。CAN 由 ISO/TC22 技术委员会批准为国际标准 ISO11898 和 ISO11519。CAN 总线得到了计算机芯片商的广泛支持，它们纷纷推出直接带有 CAN 接口的微处理器（MCU）芯片。带有 CAN 的 MCU 芯片总量已经达到 130，000，000 片（不一定全部用于 CAN 总线）；因此在接口芯片技术方面 CAN 已经遥遥领先于其他所有现场总线。

需要指出的是 CAN 总线同时是 IEC62026—2 电器网络 Device Network（DN）和 IEC62026—5 灵巧配电系统 Smart distributed system（SDS）的物理层，因此它是 IEC62026 最主要的技术基础。

（4）现场总线的国家标准及企业标准

由于现场总线的国际标准迟迟不能建立，各种现场总线，设备总线与传感器总线趁此机会，相继成立，并且推广应用。

目前看来现场总线标准不会统一，多标准并存现象将会持续。由于不同的标准在一定意义上代表着不同的厂商利益，厂商之间市场、利益的竞争会反映到标准的推广、应用和被采纳的广度和深度，所以使得协议之间实际也存在着竞争。那些技术相对落后，支持厂商少或者弱的协议逐步被淘汰，那些技术先进、支持厂商多而强、开放度高的协议更容易被接受，

更具有生存和发展的空间。

（二）安全现场总线研究

1. 概述

安全控制系统由传感器、逻辑控制元件和触发装置三部分组成，构成一条安全链。逻辑控制元件是其中最为复杂和重要的部分。因为逻辑控制元件需要获取传感器的信号，在内部进行简单或复杂的逻辑运算，然后可靠的控制触发装置。可以说，逻辑控制元件是整个安全系统的心脏、大脑。

安全控制系统中的逻辑控制元件有安全继电器、安全可编程控制器和安全总线系统。安全继电器通常只需要接收单一类型信号，判断信号有误，进而控制外部触发装置。其逻辑功能比较简单，在这里不多做介绍。安全可编程控制器和安全总线系统在 90 年代末出现，近年来逐渐在工业控制领域广泛被应用。安全总线系统是以安全可编程控制器为其主要硬件平台，以电缆或光纤为通讯媒介，通过可靠的、安全通讯手段，采集远程/O 上的信号，进行输入输出控制。

在 20 世纪末，当可编程安全控制系统（安全 PLC）出现后，安全总线通讯就已经在工业自动化领域中应用了。一套安全现场总线系统中必然由可编程安全控制系统、远程安全输入输出模块、物理通讯介质和通讯协议组成。通讯通常是在可编程安全控制系统和远程安全输入输出模块之间进行。如果在这些通讯中有未诊断的错误，则会使得受控的负载处于非定义的不确定状态，后果将可能是灾难性的。所以，安全现场总线系统整体安全性要求通讯可靠、实时、无损的进行。

最早出现的具有通讯协议的安全现场总线是称为 Safety BUS p 安全现场总线。随着系统越来越变得庞大，又有不少制造商在系统范围内的通讯总线上开发了专有的通讯协议，支持安全现场总线通讯。以上这些通过安全认证的安全现场总线，根据 EN 954-1/ISO EN 13849-1 可以达到 Category 4/PL e，或根据 IEC 61508 可以达到 SIL3。这些总线支持很多类型的安全传感输入设备，如紧急停止按钮、安全光幕/光栅、安全门限位开关、激光扫描仪、双手控制按钮、安全地毯等。目前工业自动化领域用得比较多的安全现场总线包括有 Safety BUS p、Profisafe、Device Net Safety。

2. 基于现场总线的安全控制系统的安全要求

在机械制造领域，对于采用现场总线的安全控制系统，必须具有失效安全功能。当现场设备，如传感器、电缆、控制器或触发器在发生障碍、错误、失效的情况下，应该具有导致减轻以致避免损失的功能，以确保人员和机器的安全，这个要求就是失效—安全原则。

失效—安全狭义概念是指：当设备发生故障时，能自动导向安全一方的技术；广义概念是指：当设备发生故障时，不仅能自动导向安全一方，而且具有维护安全的手段。

基于失效安全的原则，我们可以对现场总线的通讯提出以下安全要求。

（1）现场总线的生存性

现场总线的生存性给出了现场总线在随机性破坏作用下的可靠性，这里随机性破坏是指组成现场总线的节点和链路自然失效。生存性实际上就是现场总线的连通性，使得在任何时刻都可以传送安全信息，因此它是实现现场总线故障安全传输的基本保证。当由于物理原因导致总线介质损坏，安全信息无法传达的时候，这个基于现场总线的安全控制系统必须做出正确的动作，使得机器保证安全的状态（如紧急停车），以保证人和机器的安全。

（2）安全信息传输的完整性

现场总线安全信息传输的完整性，是指现场总线在自身存在故障或外界干扰的条件下，总能以极高的概率将安全信息从源端正确的传输到宿端。

（3）安全信息传输的实时性

现场总线安全信息传输的实时性是指现场总线在自身存在故障或外界干扰的条件下，总能以极高的概率保证在一个可预知的有限时间内完成安全信息的正确传输。为了表针整个现场总线的实施性，还必须满足下列三个时间约束：

①应当限定每个节点每次缺德通信权的时间上限值。若超过此值，约束条件可以防止某一节点长期占有现场总线而导致其他节点的实时性恶化。

②应当保证在某一固定的时间周期内，现场总线的每一个节点都有机会取得通信权，以防止个别节点因为长时间得不到通信权而使其实时性太差甚至丧失。

③对于紧急任务，当其实时性要求临时变得很高时，应当给予优先服务。对于实时性要求比较高的节点，也应当使它取得通信权的机会比其他节点多一些。如果能采用静态（固定）的方式赋予某些节点较高的优先权，即将使紧急任务及重点节点的实时性得到满足。

（4）安全性信息传输的可测性

现场总线故障安全传输的实质就是实现安全信息的完整性和实施传输性，而现场总线传输的可测性就是指它能以极高的概率在一个预知的有限时间内检测到崩溃、遗漏、瑕疵何超时等失效，并能在预知的有限时间内进行校正。如果不能校正，通信控制器能以最小的执行时间以最高的概率成功地向主机报告失效。

3. 数据安全的常用原则

现场总线系统可以通过发送器的故障检测和重复发送作为标准的方式来保证数据安全的通信。可以通过发送冗余信息来进行故障检测：

（1）每一个字符提供一个校验位是最为简单的故障安全的原则。

（2）通过冗余循环校验码（CRC）保证数据安全（如 Profbue）。

（3）循环的测试顺序（如 Safety BUS p，INTERBUS，CAN）

（4）其他的故障检测措施如位监控（如 Safety BUS p，ASI，CAN）

4. Safety BUS p 安全现场总线特点

Safety BUS p 是个开放的安全现场总线系统。来自不同的元器件生产厂家的产品可以连入 Safety BUS p 安全现场总线系统。在国际上，Safety BUS p 俱乐部可以为元器件厂家提供认证和技术。

（1）Safety BUS p 参考模型

Safety BUS p 是基于 CAN 总线技术。

CAN 具有突出的差错检验机理，如 5 种错误检测、出错标定和故障界定；CAN 传输信号为短帧结构，因而传输时间短，受干扰概率低。这些保证了出错率极低，剩余错误概率为报文出错率的 4.7×10^{-1}。另外，CAN 节点在严重错误的情况下，具有自动关闭输出的功能，以使总线上其他节点的操作不受其影响。可见，CAN 具有高可靠性。

Safety BUS p 只采用了 OSI 参考模型中的第一、第二和第七层，即为物理层、数据链路层和应用层。Safety BUS p 本质上定义了 OSI 第七层。

（2）Safety BUS'p 的传输特征

Safety BUS p 通过 3 芯的屏蔽电缆（双绞线）进行数据传输。由于 Safety BUS p 是基于 CAN 总线基础，所以其通讯讯号采用 CAN 的差分电压的通信方式，由 CAN+，CAN-，CANGND 组成。

因为 CAN 总线具有以下技术特征，所以 Safety BUS p 在诸多总线协议中采用 CAN 作为其主要通讯协议：

①多主站依据优先权进行总线访问；

②无破坏性的基于优先权的仲裁；

③远程数据请求；

④配置灵活性；

⑤错误检测和出错信令；

⑥发送期间若丢失仲裁或由于出错而操破坏的帧可自动重新发送；

⑦暂时错误和永久性故障节点的判别以及故障节点的自动脱离。

Safety BUS p 最长传输长度为 3.4 公里。根据传输长度和负载，其最高的传输速率可以达到 500kBits。在 Safety BUS p 总线上最多可以连接 8064 个 I/O 点。单条总线可以最多控制 64 个从站，32 个组群。

（3）Safety BUS 同步传输技术

Safety BUSp 采用同步传输技术。在网络通信过程中，通信双方要交换数据，需要高度的协同工作。为了正确的解释信号，接收方必须确切地知道信号应当何时接收和处理，因此定时是至关重要的。在计算机网络中，定时的因素称为位同步。同步是要接收方按照发送方发送的每个位的起止时刻和速率来接收数据，否则会产生误差。通常可以采用同步或异步的传输方式对位进行同步处理。异步传输将比特分成小组进行传送，小组可以是 8 位的 1 个字符或更长。发送方可以在任何时刻发送这些比特组，而接收方从不知道它们会在什么时候到达。一个常见的例子是计算机键盘与主机的通信。按下一个字母键、数字键或特殊字符键，就发送一个 8 比特位的 ASCⅡ代码。键盘可以在任何时刻发送代码，这取决于用户的输入速度，内部的硬件必须能够在任何时刻接收一个键入的字符。异步传输存在一个潜在的问题，即接收方并不知道数据会在什么时候到达。在它检测到数据并做出响应之前，第一个比特已经过去了。这就像有人出乎意料地从后面走上来跟你说话，而你没来得及反应过来，漏掉了最前面的几个词。因此，每次异步传输的信息都以一个起始位开头，它通知接收方数据已经到达了，这就给了接收方响应、接收和缓存数据比特的时间；在传输结束时，一个停止位表示该次传输信息的终止。按照惯例，空闲（没有传送数据）的线路实际携带着一个代表二进制 1 的信号，异步传输的开始位使信号变成 0，其他的比特位使信号随传输的数据信息而变化。最后，停止位使信号重新变回 1，该信号一直保持到下一个开始位到达。例如在键盘上数字"1"，按照 8 比特位的扩展 ASCⅡ编码，将发送"00110001"，同时需要在 8 比特位的前面加一个起始位，后面一个停止位。异步传输的实现比较容易，由于每个信息都加上了"同步"信息，因此计时的漂移不会产生大的积累，但却产生了较多的开销。在上面的例子，每 8 个比特要多传送两个比特，总的传输负载就增加 25%。对于数据传输量很小的低速设备来说问题不大，但对于那些数据传输量很大的高速设备来说，25% 的负载增值就相当严重了。因此，异步传输常用于低速设备。

同步传输的比特分组要大得多。它不是独立地发送每个字符，每个字符都有自己的开始位和停止位，而是把它们组合起来一起发送。我们将这些组合称为数据帧，或简称为帧。数据帧的第一部分包含一组同步字符，它是一个独特的比特组合，类似于前面提到的起始位，用于通知接收方一个帧已经到达，但它同时还能确保接收方的采样速度和比特的到达速度保持一致，使收发双方进入同步。帧的最后一部分是一个帧结束标记。与同步字符一样，它也是一个独特的比特串，类似于前面提到的停止位，用于表示在下一帧开始之前没别的即将到达的数据了。同步传输通常要比异步传输快速得多。接收方不必对每个字符进行开始和停止的操作。一旦检测到帧同步字符，它就在接下来的数据到达时接收它们。另外，同步传输的开销也比较少。例如，一个典型的帧可能有 500 字节（即 4000 比特）的数据，其中可能只包含 100 比特的开销。这时，增加的比特位使传输的比特总数增加 2.5%，这与异步传输中 25% 的增值要小得多。随着数据帧中实际数据比特位的增加，开销比特所占的百分比将相应地减少。但是，数据比特位越长，缓存数据所需要的缓冲区也越大，这就限制了一个帧的大小。另外，帧越大，它占据传输媒体的连续时间也越长。在极端的情况下，这将导致其他用户等得太久。

（4）Safety BUSp 多主站协议

Safety BUS p 采用了事件驱动的非破坏性的总线仲裁的多主站协议。协议中采用了信息优先的通讯原则。

现场总线系统有 3 种常见的总线访问模式：主从原则，令牌传递，CSMA/CA 和 CSMA/CD。

①主从原则

a. 一个总线节点（管理者）通过与其他节点（从站）之间的循环数据交换协调总线访问。这种方式成为轮询。

b. 使用通讯结构"一个对多个"的信息导向传输。

c. 等待时间与节点的数量成比例。这也就是说，如果总线系统需要根断的等待时间，必须限制节点的数量或者提高传输速率。

d. 如：PROFIBUS-DP（主—从），ASI，DeviceNet。

②令牌传递

a. 是一个多主站的系统

b. 访问总线的权力是通过节点至节点之间传输的一个"令牌"。每一个享有总线访问权力的节点可以在一个固定的时间周期内使用总线（令牌持有时间）节点。

b. 使用通讯结构"多个对多个"的信息导向传输。

c. 等待周期由令牌循环时间、节点数量和令牌持有时间决定。

d. 如：PROFIBUS（主—主）

③CSMA/CA&CSMA/CD

a. 是一个多主站系统。

b. 只要总线空闲，每一个想要发送信息的总线节点能够使用总线。

c. 通讯结构采用"多个对多个"。

d. 如果超过一个的节点在同一个时间访问总线，将会出现总线冲突。

e. 一个总线冲突能够通过不同的方式被检测和被解决：如静态等候时间（CSMA/CD）以更新总线访问权或信息优先级仲裁（CSMA/CA）。

csma/ca 全称是带冲突避免的载波侦听多址接入协议，主要用于 wlan 无线局域网；csma/cd 全称是带冲突检测的载波侦听多址接入协议，两者最重要的区别就在于 csma/cd 是发生冲突后及时检测，而 csma/ca 是发送信号前采取措施避免冲突。

csma/ca 与 csma/cd 基本原理非常类似，但是它适用于无线环境。无线信道存在隐蔽站和暴露站的问题（这两个问题主要是因为在无线信道上，信号可以向各个方向传输，而且传输距离有限引起的，不能使用 csma/CD 协议，csma/ca 协议可以说是 csma/Cd 协议的改进，使它更适用于无线信道。

csma/ca 协议主要是解决站点隐藏的问题。它的原理是，工作站 a 如果要给 c 发送数据，它会首先激励 c，使其广播一个短信号，告诉周围的用户站自己要接收信号数据，这时收到信号的用户站就知道 c 站正忙，不再向它发送数据，从而避免了冲突。

（5）Safety BUS 总线仲裁

Safety BUS p 是基于 CAN 总线的安全总线系统。其通讯介质访问方式即为带优先级的 CS-MA/CA。Safety BUS p 采用多主竞争式结构，网络上任意节点均可以在任意时刻主动地向网络上其他节点发送信息，而不分主从，即当发现总线空闲时，各个节点都有权使用网络。在发生冲突时一，采用非破坏性总线优先仲裁技术：当几个节点同时向网络发送信息时，运用逐位仲裁规则，借助帧中开始部分的标识符，优先级低的节点主动停止发送数据，而优先级高的节点可不受影响地继续发送信息，从而有效地避免了总线冲突，使信息和时间均无损失。

Safety BUS p 通过显性/隐性位等级进行按位源的仲裁。一旦发生冲突，发送 0 的节点将会覆盖发送 1 的节点。每一个发送节点会检测其发送的信号是否总线上的信号一致。如果一致，则该节点继续发送信号。如果不一致，该节点立即中止发送任务，转为接收状态。

LOW（0V）= 显性位等级

HIGH（5V）= 隐性位等级

例如，规定 0 的优先级高，在节点发送信息时，该总线做与运算。每个节点都是边发送信息边检测网络状态，当某一个节点发送 1 而检测到 0 时，此节点知道有更高优先级的信息在发送，它就停止发送信息，直到再一次检测到网络空闲。

起始位（SOF）：标志数据帧的开始，由一个主控位构成。

仲裁域：由 11 位标识符（ID）和远程发送请求位（RTR）组成，其中最高七位不能全是隐性位。ID 决定了信息帧的优先权。ID 的数值越小，则优先权越高。对数据帧，RTR 为"0"。对远地帧，RTR 为"1"。这决定了数据帧地优先权总是比远地帧优先权高。

控制域：用于以后数据帧的扩展。

数据域：允许传输的数据字节长度为 0~8，其长度由控制域最后的 DLC 决定。CRC 域：它采用 15 位 CRC，其生成多项式为 X15+X14+X 10+X8+X7+X4+X3+1

CRC 最后一位为 CRC 符，为隐性电平。

ACK 应答域：包括应答位和应答分界符。发送站发出的这两位均为隐性电平。而正确地接收到有效报文地接收站，在应答位期间应传送主控电平给发送站。应答分界符为隐性电平。

结束位：由七位隐性电平组成。

5. Safety BUS p 安全措施

Safety BUS p 总线系统中的通讯媒介是单通道。虽然 CAN 总线有非常强的抗噪能力，但其是一个非安全相关的总线系统。所以，在 Safety BUS p 总线中采用了一些措施来保证通讯的安全可靠。

（1）冗余、多样的硬件作为总线节点

在 Safety BUSp 中的安全相关的主站和从站都是采用了冗余、多样的构架。SafetyBUS p 总线系统中逻辑设备采用了 PSS 可编程安全控制系统。PSS 可编程安全控制系统采用了冗余、多样的处理器进行程序、总线管理。所有的安全相关/O 设备的头模块内部也采用了冗余处理芯片执行通讯功能。

在前面介绍了 PSS（安全可编程控制系统）的硬件安全。与其他安全总线不同，Safety BUS p 是基于安全控制开发出来的安全总线系统。其硬件 PSS 和远程 I/O 模块在最初期，也是完全针对安全控制开发出来的产品。安全部分与非安全相关部分的控制是完全分离的，PSS 可编程安全控制器、远程 I/O 与 Safety BUS p 构成了一套独立于 SPS 非安全相关控制系统的安全系统。这套安全控制系统负责所有安全相关部分功能的控制，同时与非安全相关控制系统进行数据交换。

所以，Safety BUS p 安全总线系统中的 PSS 可编程安全控制器重要的功能就是控制安全相关信号。如 1003 的系统，PSS 可编程安全控制器的 CPU 内部有三个来自不同厂家的处理器。处理器 A 的处理速度最快。因为处理器 A 在处理安全部分的程序之外，还需要处理非安全相关的程序。非安全相关的程序主要就是负责安全系统与非安全系统的信息交换（如通过 Profibus 的信息交换）。处理器 B 和处理器 C 都是用来单独处理安全相关部分的程序。从系统构架的中央处理单元来看，Safety BUS p 总线系统的冗余、多样性保证了高的安全要求。

对于远程 I/O 设备，提供的芯片构架。这个芯片成为 PSS SB CHIPSET，被设计与 Safety BUSp 总线系统中安全相关的应用实施。它执行总线接口部分，并且在总线和节点间组织数据交换。通过 Chip A 和 Chip B 两种相异的芯片设计，与应用层连接的 MFP（Multi-functional Port）实现冗余。除了实现 Safety BUS p 总线和应用层之间的信息交换，芯片也能够响应所实施的安全检测。如，假设一个传输错误被检测出来，芯片组将会触发所配置的 I/O 组群，使其安全停机。

（2）通讯协议中的措施

①CRC 冗余循环校验。

②Echo 模式。

③连接检测。

④地址检测。

⑤时间检测。

四、安全控制系统的实现

（一）Safety BUS p 的硬件平台

在 Safety BUSp 总线系统中，有三种类型的节点，分别是管理设备（MD）、逻辑设备（LD），I/O 设备（/OD）。PSS（programmable safety systems）可编程安全系统包含了这三种类型的节点。这些设备可以通过 Safety BUSp 组态或通过应用程序激活。

PSS（programmable safety systems）可编程安全系统是采用了冗余结构的 PLC。其 CPU 由三个不同的处理器组成。PSS 的类别可以包括模块化构架、紧凑型构架。

处理器 A 的运行速度最快，需要运行安全部分和非安全部分的程序。在各个处理器完成程序任务之后，进行同步，然后向输出寄存器输出结果。每一个循环中，处理器都需要运行动态实施自检，以确保本系统的安全可靠性。

1. Safety BUS p 管理设备

管理设备是每一个 Safety BUS p 总线系统的核心。它是一个负责管理总线的逻辑设备单元。在 Safety BUS p 系统中，管理设备是来自 PSS 系列可编程控制系统中的设备，如 PSS SB 3006-3 DP，PSS SB3000/3100 等。通常，一个 Safety BUSp 总线系统中必须有一个管理设备。

管理设备的功能：

（1）构建总线通讯，并且设置通讯速率

（2）使用组态工具配置所有的总线节点

（3）在 Safety BUS p 总线系统中，对所有连接在总线上的节点进行连接检测

（4）启动 I/O 组群

（5）管理所有包括所有在总线系统中备案的故障的错误堆栈

（6）准备诊断信息 Prepares diagnostic information

（7）分配 I/O 设备地址

2. Safety BUS p 逻辑设备

逻辑设备作为 Safety BUS p 总线系统中的一个节点，能够处理来自 I/O 设备的信息。至少需要一个逻辑设备在总线系统中执行控制功能。

逻辑设备的功能：

（1）在操作过程中，对本设备分配的 I/O 设备进行连接检测

（2）评估所有 I/O 组群中的输入信息

（3）对信息进行逻辑处理

（4）对本设备所分配的 I/O 组群中的输出进行控制 D

3. Safety BUSp I/O 设备

I/O 设备是总线系统上的从站，不带有自我的信息逻辑处理能力。一个 I/O 设备可以是总线上的物理输入和输出模块。这些模块安装在现场，就近连接至现场传感器和触发装

置。在 Safety BUS p 总线系统中，I/O 设备也可以是虚拟的输入/输出。这些虚拟的输入/输出由一个智能控制器（如 PSS）通过应用程序驱动。在这种情况下，逻辑设备读写这些虚拟 I/O 的内存，如 PSS 的数据块。

（二）Win pro 编程软件

Win pro 是 Pilz 开发的用于 PSS&Safety BUS p 安全系统的编程软件。该软件可以用于安全和非安全相关部分的编程、网络组态、地址分配、系统配置、诊断等功能。

1. 编程界面

由于是安全相关部分的编程，要求安全与非安全部分之间没有任何反馈。所以，Win pro 提供了两种界面的编程，分别用于非安全与安全应用。灰色界面的为非安全相关部分的编程。黄色界面的为安全相关部分的编程。进入安全相关部分编程界面需要输入密码。非安全部分的程序不能够直接影响安全部分的程序。两部分之间可以通过特殊的变量进行数据交换。

2. 编程

Win pro 提供了多种编程语言：语句表、梯形图和功能块。程序结构以 OB、PB、FB、DB 和 SB 的方式实现。OB 是组织结构块，也可一成为主系统块。每一个程序必须有相应的 OB 块。PB 是程序块，用于存放用户程序，可以在 OB 中被调用。FB 是用户定义功能块，可以被调用。DB 是数据块，用于存放数据信息。SB 是标准功能块，是专门开发的、通过安全认证的功能块。

为了保证安全相关功能的编程安全，必须使用 SB 块。SB 块能够在 OB，PB 中被调用，编程人员只需要输入相应参数和地址，就可以实现安全功能的编程。如针对紧急停止按钮的功能块 SB 61。在功能块左端，SB 61 提供了功能块序号、复位信号、紧急停止按钮地址、复位设定等输入参数。在功能块右端，SB 61 提供一个输出参数。输入参数和输出参数之间的逻辑关系，在 SB 61 内部已经编译完成，无须编程人员考虑。这样，就可以保证不同的编程人员对安全功能的编译的安全性。

（三）Safety BUS p 的网络组态

在 Win pro 中可以非常方便地通过 Safety BUS p Configuration 对网络进行组态。需要对 Safety BUS p 进行以下组态。

（1）选择硬件模块，包括管理设备、I/O 设备。

（2）对所选择的设备进行地址分配。Safety BUS p 规定地址范围为 32 至 95。其中地址 32 为管理设备的地址。I/O 设备可以分配 33 至 95 的不同地址。

（3）分配组群。为了达到高的可用性，Safety BUS p 提供的组群分配的功能。可以将不同的设备划分至不同的组群。系统最多可以分配 64 个组群。当本组群中的某个设备出现的问题，仅导致本组群内的设备停止运行，而不影响其他组群的正常工作。

网络参数设定：包括有通讯速率、事件响应时间、循环检测时间等。

五、安全自动化技术应用

（一）安全自动化技术在汽车制造业的应用

在汽车制造业中有冲压、焊装、涂装、总装和动力总成几大工艺。其中，冲压车间是这几个工艺中最危险的。所以安全自动化技术在冲压车间的应用最多、要求也最高。

一条冲压生产线一般由 5 至 6 台压机顺序组成。压机与压机之间由机械自动化装置连接，进行加工件的传递。这些机械自动化装置通常由机器人手臂组成。加工件在第一台压机完成冲压成形之后，由机械手传递至下一台压机，完成第二次冲压成形。如此类推，从最后一台压机运送出来的加工件就是目标成形产品。这样的一条高速冲压生产线，对自动化的要求非常高。由于其复杂程度高，在保证工艺功能的同时，还必须保证生产线的安全性。其安全性就是要保证生产线在生产运行、调试、清洗、维修过程中，不会对工作人员造成任何的伤害。

通常，机器生产商或系统集成商会采用各种各样的安全保护功能来提高冲压生产线安全性。

1. 紧急停止装置

为了消除直接的或即将出现的危险，压机生产线中的每一个操作台、每一个现场电箱上必须装有紧急停止功能。紧急停止功能可以通过一个或多个紧急停止装置来实现。在实际使用过程中，紧急停止装置只能被用作为机器设备附加的预防危险的措施，而不能用来取代必需的安全保护装置，也不能用作自动的安全装置。

可以根据标准 EN 418 来设计和使用紧急停止装置。要求控制装置或操动装置的锁定与紧急停止信号的触发之间的互相依赖关系更加紧密，同时还要能够防止意外解除紧急停止装置的锁定状态。特别要指出的是，对紧急停止装置有一个特殊的要求，即在给出紧急停止的命令信号之后，控制装置的操动头必须能够通过预先设置在内部的机械结构来自动运动到切断位置。这就意味着只有那些内部具有弹簧结构，在操动力达到了压力点之后，能够自动锁定的装置才能满足这个要求。而那些通过内部升起动作来实现锁定功能的装置则不能满足这个要求。

紧急停止装置是为了在机器设备的控制过程中，能够更好地防止无意之中的重新启动。在使用传统的控制装置时存在着一定的危险因素，即操动头很容易动作，不需要锁定和触发一个紧急停止信号。在这种情况下，对启动按钮的错误动作将会导致无意之中的，甚至可能是危险的重新启动，因为没有锁定功能，紧急停止设备的安全触点将不会再保持断开状态。

除了对于颜色、形状的要求外，EN418：1992 标准中，还对紧急停止装置进行如下规范：

——控制装置及其操动元件应该应用肯定的机械动作原理；

——在操动元件动作后，紧急停止装置应该可以消除机器设备的危险动作，或是自动地以最有可能的方式降低危险；

——紧急停止装置的操动元件动作后，在产生一个紧急停止命令信号的同时，应该会同时使控制装置锁定在停止状态，这样，当操动元件恢复原状后，紧急停止命令信号仍将保持，直到控制装置被复位（解锁）。在紧急停止命令信号没有产生时，不允许使控制装置处于锁定状态。在控制装置出现故障的情况下，产生紧急停止命令信号的功能应该比锁定功能具有优先权；

——在控制装置处于动作期间，由紧急停止命令信号产生的机器设备的安全状态应该不会被无意更改。

在产生紧急停止信号后，机器设备可以有停止类别0或1两种形式，因此紧急停止应该具有如下功能：

——符合停止类别0，也就是通过立即切断机器设备动作元件的工作电源使机器设备停止下来；

——或者是使机器设备的危险部件与它们的机械操动元件之间形成机械脱离，如果有必要的话，产生不受控制的制动；

——或者是符合停止类别1，也就是机器设备的动作元件在通电的情况下其停止过程受到控制，在达到停止状态后再切断其工作电源。

2. 安全门防护设备

为了防止人员在压机内遇到危险，可以采用多种方法，安装可移动的防护门是其中非常普遍的一种。设计压机生产线的防护门时，应该能够做到在机器的危险运动停止之前，或其他危险因素被排除之前，工作人员无法进入危险区域。安全门开关和电磁开关锁可以用来对可移动的防护门进行位置监控和锁紧。安全门开关和电磁开关锁最大的特点是，具有一个单独的分离式的操动件（也可称为插片或操动钥匙）。使用安全门开关和电磁开关锁必须实现以下功能：

（1）能够确保在安全防护门打开时，压机或机械自动化装置不会产生危险的动作；

（2）如果使用的是安全门开关，则在压机或机械自动化装置运行过程中，一旦将可移动的安全防护门打开，必须能够使压机或机械自动化装置的危险动作停止下来；

（3）如果使用的是电磁开关锁，则可移动的安全防护门必须一直保持锁定，直到压机或机械自动化装置运行状态不会导致危险状况的产生；

（4）在两种情况下，关闭可移动的防护门都不会直接启动压机或机械自动化装置的危险动作。

在压机部分，较多使用安全电磁开关锁，这种安全电磁开关锁具有安全锁定和延时解锁释放功能。安全电磁开关锁有两种工作方式，一种是通过弹簧力锁定，通过电磁力解锁；另一种是通过电磁力锁定，通过弹簧力锁定。弹簧力锁定工作方式的安全电磁开关锁时通过内部的弹簧力来进行锁定，通过内部的电磁线圈通电产生的电磁力来进行解锁，如果电磁线圈没有通电，则可移动的防护门将始终保持锁定状态。在这种形式的电磁开关锁中，内部的弹簧为安全型的弹簧，其弹簧线圈之间的间隙比弹簧钢丝的直径还要小，这样可以避免弹簧的损坏，确保弹簧可以实现安全的锁定功能。电磁开关锁的另一种工作方式是通过电磁力锁定。当开关内部的电磁线圈通电后产生电磁力，这个电磁力克服弹簧的弹力之后将操动件锁定，而当电磁线圈断电之后，弹簧将恢复原状，从而将操动件解锁。

在EN1088：1996标准中明确指出，通过弹簧力锁定的电磁开关锁可以被当作安全开关用来保护人身安全，而通过电磁力锁定的电磁开关锁只能应用于少数情况。所以，在冲压生产线中，通常使用弹簧锁定的电磁开关锁

3. 双手控制设备

每一台压机必须使用至少一套双手控制装置，进行手动冲压操作。双手控制装置属于电敏式安全保护装置，其作用是当有人在操作机器设备，给机器设备一个产生危险动作的

信号时，迫使其同时使用双手，从而必须待在一个地方，这样可以确保安全。

双手控制装置是安全保护装置，要求双手的动作必须要保持同时，这也就意味着在启动机器或保持机器设备的运转时，只要机器设备的危险动作没有停止，操作人员的双手就会被一直限制在远离危险区域的范围之内。

在 prEN 574：1991 标准中，规定了三种不同类型的双手控制器，它们之间在安全保护等级上有所区别：

——类型 1：具有两种控制功能的可能性，要求双手同时操作，并且在机器设备的危险运行过程中始终保持动作，一旦有一个控制操作装置被释放，机器设备的危险动作将立即停止。

——类型 2：除了类型 1 的要求外，还要求当两个控制操作装置都被释放后，机器设备的再次运行必须要重新启动。

——类型 3：除了类型 1 和 2 的要求外，还要求两个控制操作装置必须在小于等于 0.5 秒的时间内同时动作，如果时间间隔超过 0.5 秒，则必须将两个控制操作装置都释放，再重新启动机器。

4. 安全光幕/光栅

在冲压生产线中，必须采用安全光幕/光栅进行换模区域和压机区域的安全防护。当自动换模的时候，必须要保证人员没有进入该危险区域。由于模具是安放在压机线之外的开放区域，可以采用安全光栅进行安全保护。在压机与机械手的接口区域，也必须安装安全光幕。以保证机械手或人员在压机内的时候，压机不能进行冲压操作。安全光幕/光栅是一种保护各种危险机械装备周围工作人员的先进技术。同传统的安全措施，比如机械栅栏、滑动门、回拉限制等来相比，安全光幕/光栅更自由，更灵活。

在一个安全光幕/光栅中，一台光电发射器发射出一排排同步平行的红外光束，这些光束被相应的接收单元接收。当一个不透明物体进入感应区域，中断了一束或多束红外光束的正常接收，光栅的控制逻辑就会自动发出目标机器的紧急停止信号。发射装置装备了发光二极管（LED），当光栅的定时逻辑控制回路接通时，这些二极管就会发射出肉眼看不到的红外脉冲射线。这种脉冲射线按照预设的特定脉冲频率依次发射（LED 一个接着一个亮）。接受单元中相应的光电晶体管和支持电路被设计成只对这种特定的脉冲频率有反应。这些技术更大地保障了安全性，并屏蔽了外来光源可能的干扰。控制逻辑、用户界面和诊断指示器可以被整合在一个独立的附件中，也可以与接收电路系统一起配置在同一个机架上。

5. 安全控制设备

通常，一条典型的大型冲压生产线长约 40 米，宽约 8 米，地面上高度约 10 米，地下深度约 6.5 米。各现场输入输出设备就分布在这样一个广大的空间中。而控制系统所在的电柜放置在冲压线旁边高度为 6 米和 10 米的电柜平台上。安全传感装置分布于整条线的各个不同位置。安全继电器、模块化安全 PLC 都可以作为安全控制装置应用于压机生产线。但是由于安全功能较多，且逻辑功能较为复杂，安全继电器的硬接线控制方式显然不适合冲压生产线安全应用。而各个安全传感装置的离散式分布，使得采用集中式的模块化安全 PLC 的解决方案带来了电缆长、诊断困难等缺点。现场安全总线是最适合冲压生产线的安全解决方案。

每一台压机使用一套 Safety BUS p 安全总线系统。每一套安全总线系统中使用一个紧凑型安全 PLC PSS SB 3006-3 ETH2 作为主站，通过 Safety BUS p 安全现场总线，控制远程安全 I/O PSSu。PSS SB 3006-3 ETH2 安装在主电控柜之中。远程 I/O PSSu 则安装在现场的电控箱之中，就近进行安全传感装置和安全触发装置的控制。每一套安全总线系统之间通过网桥进行安全信号的传输。这样就构成了压机生产线的安全自动化控制网络。同时，PSS SB 3006-3 ETH2 可以通过以太网与工艺部分的控制系统或上位机系统进行诊断信号的传输，便于现场的故障排除。

这样的安全解决方案在大众、宝马等国内诸多汽车生产厂家的冲压车间中被应用。

（二）安全自动化技术在钢铁制造业的应用

在钢铁行业中，不论是冷轧生产线，还是整卷钢板的开卷、剪裁、再卷，这些生产过程都会对操作人员造成伤害。以济南钢铁集团冷轧厂为例，热轧带钢作为原料，进入酸洗流水线。由于热轧带钢经过轧制和冷却后在表面形成一层氧化铁皮，必须在冷轧之前进行酸洗以清除掉这层氧化铁膜，露出新鲜干净的带钢基体金属表面。带钢经过酸洗线之后，就被传送至冷轧设备，被加工至客户所要的厚度。然后，经过退火工序，令钢带内部晶体结构重组，使钢带的韧性得到增强。最后经过平整流水线，消除带钢表面的凹凸不平现象后，得到成品。整个生产过程中，冷轧流水线的工艺最为复杂、安全性要求最高。在轧制过程中，工作人员或调试人员需要在现场进行检测、设定、调试、润滑、清洗、手动装载和故障排除等操作。在这些操作过程中，带钢的开卷、再卷、乳酸液喷射、换辊、钢卷小车移动、X 射线测厚以及轧制过程等都会对工作人员或调试人员造成碾压、碰撞、冲击、切割、缠绕、拖拽、灼伤、辐射等伤害。所以，必须采用安全保护和控制设备，来减少机器的风险，保护人和机器的安全。

现场分为 15 个安全区域。在现场的各个操作区域，都装有紧急停止按钮，用以终止机器异常的工作状况；在安全区域 6 和 7——轧机冷轧区域，采用卷帘门进行保护，防止高速运转的工作辊和高速移动的钢带对人员的伤害；当进梁上钢卷移动的时候，使用安全地毯和安全门，以确保处于该危险区域的人员的安全；模式转换开关和使能按钮的组合使用，保证轧机在正确的生产流程下运行；在工作区域，当有危险动作出现的时候，必须可靠地发出声光报警。以上安全功能必须由可靠的安全系统进行控制，经过逻辑运算后，执行安全的输出，控制电机的运转或伺服系统。

所有的安全输入输出点多达 700 个，并且分布分散在地下油库、乳酸区、轧机工作区、主控操作区域等。显然，采用集中式的控制系统显然是不合适的。所以，在该条生产线中，使用了 pilz 的 Safety BUS p 安全总线系统，进行离散的安全自动化控制。

现场的安全信号直接进入安全远程/O 模块。安全 I/O 模块通过 Safety BUS p，与主站 PSS SB 3000 可编程安全控制器进行安全数据交换。安全 PLC 在进行安全控制的同时，通过 Ethernet 通讯扩展模块进入 Ethernet，与控制液压、乳酸部分的普通 PLC 以及人机界面、TCS 等工艺控制或诊断部分进行数据交换。

系统中使用了安全功能块保证了安全相关功能编程的可靠性。如 SB 63 紧急停止功能块、SB 66 安全门功能块、SB 67 输出反馈监控功能块、以及针对 LOTO 功能的 SB173 和

SB 174 功能块。

在钢铁工业中，人员需要经常进入机械工作区域进行维修、清晰和调试的工作。而钢铁工业中的机器控制功能非常复杂，在人员进入危险的机械工作区域时，为了保证机器不会意外启动，需要增加额外的安全保护手段，保护人员的安全。LOTO 功能即为实现这样的安全保护功能。LOTO 全称为 Lock Out Tag On，挂锁上牌。其控制操作如下所述：

（1）机器受控（SPS）停止。

（2）工作人员按下 PB-1/2 闭锁停止按钮。

（3）接收闭锁停止按钮信号的安全 PLC PSS 闭锁输出回路。PSS 通过 LCK1 和 LCK2 安全可靠切断输出回路，保证机器停止。

（4）如线路反馈信号无误，现场绿色指示灯亮，表示人员可以进入危险区域。

（5）工作人员赴现场实地确认机器停止，进入危险区域。

（6）在闭锁过程中，一旦系统中出现任何故障，安全控制装置 PSS 立刻输出警示信号（红色指示灯或蜂鸣装置）。

（7）如果按钮被解锁，则会失去闭锁功能，机器准备下一次启动。

优点：

（1）安全系统与非安全系统在物理上分离。非安全系统负责整套冷轧线的工艺控制，是一个动态的系统。安全系统 Safety BUS p 和 PSS 负责现场所有的安全功能，静态的运行其安全职责，一旦现场出现任何风险，立即可靠的切断输出，使得机器安全的停止。

（2）离散式控制，节省成本，降低故障率

（3）诊断容易——可以通过故障堆栈进行快速诊断；通过与 HMI 的数据交换，可以直观判断；可以通过程序在线诊断

（4）安全可靠，达到欧洲安全要求，如果按照原先设计，该系统是一个高安全等级的系统。

遇到的问题：

（1）由于工程人员变更了安全总线走线路径，使得总线长度加长。从而导致 Safety BUS P 中的时间检测参数需要降低。为了保证高的响应时间，在 Safety BUS p 现场总线中增加了路由器。

（2）安全现场总线对接线要求较高。施工方未按照要求接 SafetyBUSp 安全总线的屏蔽线，导致整个系统不稳定。

（3）安全控制系统 PSS 对外部元器件的接线要求极高。任何短路故障的出现都会导致系统的停机。现场接线的低质量，导致在调试初期，系统频繁停机。

（4）整个安全总线系统只设定了一个工作组群，可用性较低。

（三）安全自动化技术在风力发电机组制造业的应用

按照欧洲机械指令，风力发电机组属于机械的范畴。这台机械可能对风机中维修、安装人员或者风机周围环境中的人员造成一定的伤害。同时，风机本身的设备损毁也会带来巨大的损失。所以，必须考虑风力发电机组运行的安全，采取一系列的措施来降低风险。

电气控制系统是风力发电机组的核心技术之一，是风机安全可靠运行以及实现最佳运行的保证。风力发电机组中的电气控制系统可以分为（标准）控制系统和安全系统两部

分。安全系统和控制系统属于两个不同的概念。控制系统指根据接收到的风力发电机组信息和/或环境信息，调节风力发电机组，使其保持在正常运行范围内的系统。安全系统指在逻辑上优先于控制系统的一种系统，在超过有关安全的限值后，或者如控制系统不能使机组保持在正常运行范围内，则安全系统动作，使机组保持在安全状态。当控制系统和安全功能发生冲突之时，控制系统的功能应服从安全系统的要求。

可以采用两种安全解决方案：独立的安全控制系统（安全链）和集成的安全控制系统。

1. 独立的安全控制系统

该解决方案采用完全分离的控制系统和安全系统。这两个系统在物理上完全分离。控制系统采用 Mita 的 WP4000 控制器作为解决方案。安全系统则采用 Pilz PNOZmulti 模块化安全继电器作为解决方案。Mita 控制器负责风机运行相关的控制。而 PNOZmulti 进行风机中安全相关部分的控制。

PNOZmulti 作为 Logic 部分接收外部安全相关信号。这些安全相关信号包括紧急停止信号、临界转速、振动开关、临界功率、变桨控制系统和风机控制系统工作状况、扭缆开关、发动机绕组温度等。在进行内部逻辑分析判断后，PNOZmulti 输出控制断网接触器、刹车系统、变桨和偏航系统等，干预风机运行，使其处于安全的状态。

由于安全链的逻辑功能不是很复杂，无须要像控制系统那样采用基于 PC 的 PLC 产品。但是，安全输入点数在 20 个左右，采用独立的安全 PLC 成本过高；如采用紧凑的、独立的安全继电器，安全功能之间的逻辑关系需要用硬接线完成，故障诊断较困难。PNOZmulti 是一种模块化的安全继电器，内部采用冗余的逻辑芯片和冗余的输出电路，实现失效—安全的设计原则。每一套安全系统必须有一个主模块，带有 20 个输入点和 6 个输出点。主模块可以扩展输入输出模块，以增加安全输入/输出点数。同时，主模块还可以扩展总线通讯模块，如 Profibus、Ethernet 等与控制系统进行通讯。可以通过 RS 232 对主模块进行编程。编程方式不同于传统的 PLC 中的编程语句，而是极其简便的功能块图。这样的一种产品非常适合风力发电机组的安全系统应用。

2. 集成的安全控制系统和标准控制系统

这种解决方案将安全控制系统集成在标准控制系统之中，用一套系统和一套总线即可以完成标准和安全功能。典型的解决方案如 Bechhoff 的基于 PC 的控制系统。一般塔基的控制系统为一台装有 Twin CAT 自动化软件的 CX1020 嵌入式 PC。模块化的 CX 系统除配有标准接口（USB、DVI 和 Ethernet TCP/IP）以外，还选配了一个 CAN 总线接口，用于与变频器的通讯。其他连接传感器和执行器的 I/O 站点则通过高速 Ether CAT 总线系统进行通讯。独立的变桨系统则通过 PROFIBUS 主站总线模块集成到 Ether CAT I/O 系统中。机舱及塔基中的安全传感器和执行器也可以通过 Twin SAFE 技术直接集成到 Ether CAT 系统中，因此无须额外的安全控制系统和安全总线系统。

参考文献

[1] 喻洪平. 机械制造技术基础［M］. 重庆：重庆大学出版社，2021. 06.

[2] 黄力刚. 机械制造自动化及先进制造技术研究［M］. 中国原子能出版传媒有限公司，2022. 03.

[3] 张维合. 机械制造技术基础［M］. 北京：北京理工大学出版社，2021. 07.

[4] 吴拓. 机械制造工程第 4 版［M］. 北京：机械工业出版社，2021. 01.

[5] 许桂云，袁秋，杨阳. 机械制造基础：智媒体版［M］. 成都：西南交通大学出版社，2021. 05.

[6] 金晓华. 机械制造技术基础［M］. 北京：机械工业出版社，2021. 08.

[7] 陈本锋. 机械制造与创新设计［M］. 成都：西南交通大学出版社，2023. 03.

[8] 洪露，郭伟，王美刚. 机械制造与自动化应用研究［M］. 北京：航空工业出版社，2019. 01.

[9] 陈艳芳，邹武，魏娜莎. 智能制造时代机械设计制造及其自动化技术研究［M］. 中国原子能出版传媒有限公司，2022. 03.

[10] 李俊涛. 机械制造技术［M］. 北京：北京理工大学出版社，2022. 02.

[11] 彭江英，周世权，田文峰. 机械制造工艺基础第 4 版［M］. 武汉：华中科技大学出版社，2022.

[12] 马晋芳，乔宁宁. 金属材料与机械制造工艺［M］. 长春：吉林科学技术出版社，2022. 03.

[13] 雷子山，曹伟，刘晓超. 机械制造与自动化应用研究［M］. 北京：九州出版社，2018. 06.

[14] 闫来清. 机械电气自动化控制技术的设计与研究［M］. 中国原子能出版社，2022. 09.

[15] 刘静，朱花，常军然，杨华明，谢文洎. 机械设计综合实践［M］. 重庆：重庆大学出版社，2020. 06.

[16] 王义斌. 机械制造自动化及智能制造技术研究［M］. 北京：原子能出版社，2018. 05.

[17] 杨敏，杨建锋. 机械设计［M］. 武汉：华中科技大学出版社，2020. 01.

[18] 熊良山. 机械制造技术基础第 4 版［M］. 武汉：华中科技大学出版社，2020. 11.

[19] 宗荣珍. 现代机械设计及其新技术研究［M］. 成都：四川大学出版社，2019. 02.

[20] 崔井军，熊安平，刘佳鑫. 机械设计制造及其自动化研究［M］. 长春：吉林科学技术出版社，2022. 08.

[21] 杨杰. 机械制造装备设计［M］. 武汉：华中科技大学出版社，2019. 10.

[22] 冒爱琴，程洋，许宁萍. 机械制造工艺及夹具设计［M］. 延吉：延边大学出版社，2019. 06.

[23] 张荣. 典型机械制造工艺装备的设计研究［M］. 中国原子能出版社，2019. 08.

[24] 杜正春，杨建国，潘拯. 机械制造工艺学［M］. 北京：机械工业出版社，2019. 03.

[25] 朱双霞，曾礼平，江文清，李玉平. 机械设计［M］. 重庆：重庆大学出版社，2019. 03.

[26] 刘军军，徐朝钢. 机械制造工艺［M］. 成都：电子科技大学出版社，2019. 08.

[27] 蔡安江. 机械制造技术基础［M］. 武汉：华中科技大学出版社，2019. 01.

[28] 张停，闫玉玲，尹普. 机械自动化与设备管理［M］. 长春：吉林科学技术出版社，2020. 08.

[29] 王均佩. 机械自动化与电气的创新研究［M］. 长春：吉林科学技术出版社，2022. 11.

[30] 杨明涛，杨洁，潘洁. 机械自动化技术与特种设备管理［M］. 汕头：汕头大学出版社，2021. 01.